U0522458

秘密
如何改变了我们的生活

朗达·拜恩其他作品

《秘密》

《秘密：感恩书》

《秘密：实践版》

《力量》

《魔力》

《英雄》

秘密其他相关作品

《秘密青少年版》 作者：保罗·哈林顿

《亨利的想象的力量》 作者：斯凯·拜恩、尼克·乔治

秘密
如何改变了我们的生活

真实的人们,真实的故事

[澳]朗达·拜恩 著

图书在版编目（CIP）数据

秘密如何改变了我们的生活 /（澳）朗达·拜恩（Rhonda Byrne）著；李磊译. —长沙：湖南文艺出版社，2017.12
书名原文：How The Secret Changed My Life: Real People. Real Stories
ISBN 978-7-5404-8101-8

Ⅰ.①秘… Ⅱ.①朗… ②李… Ⅲ.①人生哲学 - 通俗读物 Ⅳ.①B821-49

中国版本图书馆 CIP 数据核字（2017）第 109886 号

©中南博集天卷文化传媒有限公司。本书版权受法律保护。未经权利人许可，任何人不得以任何方式使用本书包括正文、插图、封面、版式等任何部分内容，违者将受到法律制裁。

著作权合同登记号：图字18-2017-059

Chinese simplified Language Translation copyright © 2017 by China South Booky Culture Media Co.,LTD / Hunan Literature & Art Publishing House
HOW THE SECRET CHANGED MY LIFE: REAL PEOPLE. REAL STORIES
Copyright © 2016 by Making Good LLC. THE SECRET word mark and logo are trademarks of Creste LLC.
www.thesecret.tv
All Rights Reserved.
Published by arrangement with the original publisher, Atria Books, a division of Simon & Schuster, Inc.

上架建议：心灵励志

MIMI RUHE GAIBIANLE WOMEN DE SHENGHUO
秘密如何改变了我们的生活

著　　者：	［澳］朗达·拜恩
译　　者：	李　磊
出 版 人：	曾赛丰
责任编辑：	薛　健　刘诗哲
监　　制：	蔡明菲
策划编辑：	邢越超　张思北
特约编辑：	汪　璐
版权支持：	辛　艳
营销支持：	姚长杰　李　群　张锦涵
版式设计：	潘雪琴
封面设计：	李　洁
出版发行：	湖南文艺出版社
	（长沙市雨花区东二环一段508号　邮编：410014）
网　　址：	www.hnwy.net
印　　刷：	北京市雅迪彩色印刷有限公司
经　　销：	新华书店
开　　本：	880mm×1230mm　1/32
字　　数：	125 千字
印　　张：	8.5
版　　次：	2017 年 12 月第 1 版
印　　次：	2017 年 12 月第 1 次印刷
书　　号：	ISBN 978-7-5404-8101-8
定　　价：	45.00 元

质量监督电话：010-59096394
团购电话：010-59320018

献给我唯一的
亲爱的你

目 录
Contents

前言	1
如何要求、相信、接收：创造的过程	5
秘密如何让我们变得快乐	43
秘密如何为我们带来财富	69
秘密如何改变了我们的关系	97
秘密如何让我们变得健康	119
秘密如何成就了我们的事业	165
秘密如何改变了我们的生活	207
感谢	249
书中人物索引	253

前言

《秘密》一书问世以来,我收到了数以万计的读者来信。在这些信中,他们激动地与我分享了自己的亲身经历,告诉我他们是如何运用秘密的法则吸引到了自己想要的一切:他们重返健康,获得财富,找到了完美的人生伴侣,开创了兴旺的事业,修复了原本岌岌可危的婚姻关系或其他亲密关系,找回了丢掉的东西,甚至摆脱了抑郁找到了快乐。这些来自全球不同国家、有着迥异文化背景的人运用《秘密》一书中的方法,改变了自己的生活。他们摆脱了自己的过去,开启了美好的人生新篇章。他们所做到的,是在普通人眼中根本不可能做到的。但是,他们自己知道,在这个世界上,根本**没有什么**不可能!

本书收录的,是我从过去十年里收到的信件中精挑细选出来的最不可思议、最激动人心、最发人深省的真实人生故事。我相信，这些故事会打破你思维的局限；我相信，阅读本书的过程会是一段难忘的体验。因为，这些故事将会告诉你，不论你是谁、不论你在哪里，你都可以运用秘密的法则得到你想要的一切。

本书中，除了分享这些与秘密有关的真实故事，我的文字也会常伴左右，与你分享关于秘密的人生智慧。如果你之前没有读过《秘密》一书，没关系，本书将引领你全面理解并掌握运用秘密法则的诀窍。如果你已经读过《秘密》一书，本书将进一步带领你深入认识到：只要做一点小事，你就能够拥有一个符合自己所有期望的完美人生。

过去几年来，我得到了很多很多，虽然我的愿望无止境、梦想不停息，但我的愿望和梦想都实现了。其中，我最看重、最珍视的，就是听到人们告诉我他们自己如何利用秘密的法则奇迹般地改变了自己的人生。这也是《秘密》一书带给我个人的最好的礼物。物质与财富给人带来无穷的乐趣，所有人都应该拥有他们想要得到的东西。但是，帮助其他人拥有更美好的人生，这种快乐更为深刻、持久——说到底，我们所追求的不就是快乐嘛。

我希望你能够明白,改变自己的生活,其实很简单。你不必营营碌碌、疲于奔命,努力把生活打造成你所期望的样子。改变你的生活,其实只有一种方法:改变你的想法,你的生活也会随之发生改变。

朗达·拜恩

这世上有两种人：
一种人会说：
"我只相信眼见为实。"
另一种人会说：
"要想实现它，我必先相信它。"

——《秘密：实践版》

如何要求、相信、接收：
创造的过程

　　人生中最大的秘密是"吸引力法则"：同类相吸——你头脑中的想法和你心目中的形象会将**同类**的经历与情境吸引到你的生命中来。不论你想的是什么，只要你一刻不停地想着它，你就会将它吸引到自己的生命中来。

　　如果你想的是你希望获得的东西，并且持续不停地想着它，你就真的能够在现实生活中得到它。伟大的吸引力法则让你梦想成真。你现在的想法成就了你的未来。改变你现在的想法，你就能改变自己的人生。

　　一旦你理解了这个秘密的真谛，你就可以运用"创造的过程"，吸引来那些令你朝思暮想的东西，拥有那种令你梦寐以求的人生。创造的过程由三个简单的步骤构成：要求、相信、接收。

一是要求

只要你持续不懈地想着一件事情,吸引力法则就一定会对此做出回应。即使你所要求的是一件非常具体的事物,不用担心,不必怀疑,你必将得偿所愿。

与史提夫·汪达同台演唱

大家好,我叫约翰·佩雷拉,下面我要讲的是《秘密》和我的故事。一开始的时候,我诸事不顺,情绪低落、暴躁易怒,主要是因为我和姐姐的一个商业合作伙伴的事情。我的姐姐一直缠着我,要我看《秘密》这部影片。后来有一天,我停下了手头所有的工作,和她一起观看了这部影片。打那以后,我就决定要试试看,实践一下秘密的法则。

两天后,我在健身房健身时无意中从报纸上读到,10月22日,史提夫·汪达要来开演唱会。而那天恰好是我的生日!我跟我的姐姐说:"就是它了。我不仅要过去听史提夫·汪达的演唱会,我还要跟他一起唱歌!"

我对所有人说,我见到了乔治·本森,与杰米罗奎乐队的成员们一起参加了派对,并且,我将要和音乐大佬史提夫·汪达本尊同台演唱。在大家看来,我简直是疯了。第二天,我去我哥哥家玩,因为要起身去做咖啡,我让他把电视节目暂停一下。等我做好咖啡回到屋里,我惊喜地发现,电视屏幕定格的画面上写着这么几个大字:"赢取与史提夫·汪达现场同台演唱的机会。"我简直不敢相信自己的眼睛!

于是,我赶紧回到家里,参与了这场比赛。比赛规则是,用20个字说明为什么要和史提夫·汪达一起唱歌。我脑海中思绪万千,无数的想法与词语涌上心头。提交了答案后,我问我的女朋友我是不是应该再提交一遍。就在这时,我的电脑崩溃了,再也启动不起来。我对我的女朋友说:"别担心。我志在必得,不需要再重新提交一遍了。"

差不多一周过去了,那天,我正在和几个朋友喝东西。我看着其中一个人,对他说:"你知道吗?我要跟史提夫·汪达一起唱歌了。"这一次,就像以前每一次一样,他们还是认为我脑子坏掉了。

第二天,我下班回到家里,对我姐姐说:"你说,当我跟史提夫·汪达同台唱歌时,我该做些什么呢?"她说:"你要记住,慢慢来,不要急,不要慌。因为这一切会发生得非常快,很可能在你意识到之前,一切都已经结束了。就好好享受那一刻吧。"我正想要打个盹儿呢,突然,电话响了起来。我接起电话,对方说道:"你是约翰·佩雷拉吗?你是不是参加了一个比赛?"我回答道:"是的。"然后,对方说道:"恭喜你！你获得了全国总冠军！"我兴奋地尖叫了起来，高兴地把我的女朋友抛到了空中。我给我的父母打了电话，在电话里兴奋地叫喊着。我给我的姐姐打了电话，在电话里兴奋地叫喊着。我给我的哥哥打了电话，在电话里兴奋地叫喊着。而当我告诉那个前一天晚上和我一起喝酒的朋友时，他的回应却非常敷衍："好吧，好吧。"——他根本不相信这一切。

如果你还不相信的话，相信吧！我就是一个活生生的例子。如果你想看看我和史提夫·汪达同台演唱的画面，请点击以下链接：*http://www.youtube.com/watch?v=lMftLNs_G6M*。

——约翰·佩雷拉，澳大利亚悉尼

以下故事里，另一个人也成功运用秘密的法则，达成了一个非常具体的愿望。

奇迹

我是在《奥普拉·温弗里秀》中得知《秘密》一书的。我非常相信这本书里的每一句话，也非常相信影片里的每一句话。然后，我收到了一封来自《秘密》的邮件，邮件里有一个链接，可以下载宇宙银行的空白支票。于是，我下载了这张支票,在上面填上了100,000林吉特(马币,10万林吉特约合2.5万美元)这个数字。一开始,我这么做只是因为好玩。我把这张支票钉在梳妆台附近的一块小小的愿景板上。

然后,我找了一张1林吉特的钞票,用水笔在后边画了几个"0"。其实,我是想写"100,000"的,但是因为钞票上的空间非常小,我只能写下3个"0"。所以,最后,这张钞票上写的是"1,000"。我不想扔掉它,于是就把这张钞票和那张支票一起钉在了愿景板上。

我每天都会看到它们,我告诉自己,我相信这一定会实现。我其实并不知道我的这种视觉化练习是否一定是正确的,但是我还是时不时地看看它们。并且,说实话,随着时间的流逝,我都有点忘记了它们的存在。

然后,10月初的一天,我在银行柜台还信用卡账单,突然看到一个小册子,上边宣传的是信用卡公司正在举办的一个"追梦人短信大赛",奖金是100,000林吉特。这个比赛从7月5日开始,10月15日结束。此前,我完全没有听说过这个比赛。然后我想:"反正还有两周的时间可以参赛。虽然有点晚,但总比完全错过这个比赛强。"于是,我就参加了这场比赛。

月底的时候,我收到了来自信用卡公司的电话,他们告诉我,我获得了该比赛10月小组赛的二等奖,奖品是1,000林吉特现金。我高兴坏了,因为我从来没有在什么比赛中获过奖。我告诉了我的丈夫,我们俩高兴地跳了起来。

两个月后,我又接到了一通来自信用卡公司的电话,他们告诉我,我和其他10名选手现已成为该项比赛的最终决赛选手,有机会竞争价值100,000林吉特的终极大奖。大奖将在下周开出。

那一晚,我坐在梳妆台前,看到了我的愿景板。那里还钉着那张我三个月前写下的100,000林吉特的支票。当我看到那张被我写成1,000而不是100,000的1林吉特钞票时,我的心跳开始加快。

我拿着钞票和支票走进客厅给我的丈夫看。我对他说:"亲爱的,现在我知道为什么我会赢得那个1,000林吉特的二等奖了。是因为这张1林吉特的钞票!虽然我只是无意中提出了这个要求,但是上帝还是把它带到了我的生命中来!这都是秘密的作用!"

然后,我激动地流出了热泪。我心中有个声音不停地告诉我:我会获得最终的大奖——上帝(宇宙)安排了这场比赛、这些人、这些境遇,是为了把这张100,000林吉特的支票送给我。

然后，我又重新阅读了《金钱的秘密》这一章节，并重新看了一遍《秘密》这部影片。每当我对"我将获得最终大奖"这个想法产生疑虑时，我都会赶快在脑海中想象这样一幅画面：我站在领奖台上，微笑着，手中拿着100,000林吉特的支票。

总决赛当天早上，准备离开家时，我的丈夫对我说："拿着那张你自己写的100,000林吉特的支票吧。今天，你会获得一张真正的支票。"我照做了。

进入会场前，我最后一次看了一眼那张支票，想象了一下我站在领奖台上的样子，努力撇除心中所有的疑惑。然后，我发现支票顶上的"汇款通知"那里写着：**感觉良好**。我马上拿来我丈夫的苹果手机，打开手机里的相册，看着屏幕上我们两岁女儿的美丽面庞。看到女儿的笑颜，我心中充满了欢喜与快乐，我知道，我的感觉对路了。在这个活动过程中，我一直想着女儿的笑脸，想象着自己获奖的画面。

我赢了！

我赢得了100,000林吉特的最终大奖。当他们最后喊出我的名字时，我感觉这一幕似曾相识。因为，在我的脑海中，这一幕已经上演了无数遍。

颁奖完成后，评委对我说："当所有决赛选手走进这间屋子里时，你是看上去最幸福、最快乐的。也许这是因为你那时就知道自己要获胜了。"

这真的是一个奇迹。8月18日，我无意中写下了一张1,000林吉特的钞票和一张100,000林吉特的支票；12月12日，它们全都变成了现实。

我把这段经历告诉了我的朋友和家人。也许他们之前心中存疑，但现在，他们都相信了。

——*恩妮*，马来西亚吉隆坡

也许你会觉得，你根本得不到你所期望的东西。但是，根据吸引力法则，没有什么是不可能的，一切皆有可能，即使你所希求的是一个奇迹。下面，让我们来看一看，走丢的哈巴狗"泡泡眼"身上发生了怎样的奇迹。

泡泡眼

我的女儿21岁时，带着她养的4岁大的公狗泡泡眼和我们一起生活了四个月。那时，我负责照顾泡泡眼。女儿搬走后，她也把我心爱的泡泡眼带走了。此后的两个多月里，她音信全无。后来，当我问起泡泡眼时，我的女儿才告诉我，它从她当时住的房子的院子里跑掉了，再也找不到了。

我做了张寻狗启事，到复印店复印了100份。我在泡泡眼走丢的区域附近贴满了寻狗启事。我问我女儿泡泡眼走丢了多久，她说已经走丢一个月了。我很震惊，她竟然没有早一点把这个消息告诉我。我深知，根据数据显示，如果在宠物走失后前三周找不到的话，那很有可能永远也找不到了。

后来，我接到过好几个电话，告诉我他们在某处看到过一只哈巴狗。接到电话后，我总是第一时间跑到人们所说的地方。有一次，一个人打来电话，说他看到了一只哈巴狗，我飞奔到那个地方去，却发现那并不是泡泡眼。随着时间的推移，我在周围各处都张贴了寻狗启事，但是接到的电话越来越少了。我在报纸上也登了寻狗广告，到处寻找，问了许多人，发出去更多寻狗启事。

秘密如何改变了我们的生活

　　那时候，我还没听说过《秘密》。有一次，我带我的儿子到密西西比州立大学参观校园，逛了学校里的书店。第一次进书店时，我买了几本书，但是没买《秘密》。我甚至没看到这本书。那天晚些时候，我的儿子想要再去书店里买些东西，于是我们回到了书店里。排队结账时，我看到了《秘密》这本书。我根本不知道它讲的是什么，只是被书的封面深深吸引住了，于是买了一本。周末过后，我把书带回家，开始阅读。读着读着，我就明白为什么泡泡眼不在了。它离开了之后，我把它的窝搬到了车库里。本来，它的窝是放在小屋里的，但是因为睹物神伤，我就把它的窝搬到车库里去了。读完《秘密》后，我把泡泡眼的窝挪回到小屋里，还到宠物商店里给它买了狗粮。我还是继续张贴着寻狗启事，与此同时，我每天都会为"它在家里"而深深感恩。我让自己深信，泡泡眼已经回家了，甚至还因为内心对此充满感恩之情而激动地哭了出来。

　　几周过去了，我再也没有接到过任何电话。但是，我没有因此而失去信心。后来有一天，我接到一通电话，对方告诉我说他们曾经在附近见到过一只哈巴狗，那时泡泡眼才走丢一两周，他们给我打电话只是想鼓励鼓励我，告诉我一切还有希望。他们人真的是太好了。那之后又过了几小时，我接到了另一通电话，电话里的那个人告诉我说，泡泡眼和他的侄女正一起好好地在得克萨斯州生活着呢。他说，泡泡眼走丢时，他的侄女正在这边看望他，并在学校附近发现了泡泡眼——学校离泡泡眼走丢的地方很近。当时，他的侄女在这附近的街区到处打听，想找到泡泡眼的主人，却一无所获。后来，时间到了，他的侄女就带着泡泡眼一起返回了得克萨斯老家。他本人过去几个月在外旅游，回来后，他才发现周围铺天盖地都是寻狗启事，于是给他的侄女打了电话，告诉她泡泡眼的主人正在寻找它。他把他侄女的电话号码告诉了我。我打电话过去，确认了一下她找到的狗会不会耍那些泡泡眼最爱的把戏。没错，就是它！

接下来，你可能会想，泡泡眼在得克萨斯，我在密西西比，我该怎么把它接回来呢。哈哈，后面的故事也很精彩：原来，她住的地方离我爸爸家只有15分钟的车程。我爸爸把泡泡眼接了回去，并且在他来参加我儿子的毕业典礼时把它送了回来！

——玛尔塔，美国密西西比州

玛尔塔知道，她必须让自己相信泡泡眼就在家里。对一个痛失爱犬的人来说，要做到这一点并不容易。她采取了一些具体而有力的行动，把泡泡眼的窝搬回了小屋里，并且买来了狗粮。这些行动让她相信：泡泡眼已经回来了。玛尔塔的信念非常强，她甚至因为深信泡泡眼已经回来了而感恩流泪。相信，这是创造过程的第二个重要步骤。

二是相信

请求,相信,接收——简简单单三部曲就能创造自己想要的人生。不过,第二步相信往往是最为困难的,可它又是你要跨出的最重要的一步。相信意味着坚定不移。相信代表着绝不动摇。相信是绝对的信仰。相信是不论外界如何变化,我自岿然不动。

当你掌握了相信,你就掌握了人生。

——《秘密:实践版》

我相信!

差不多六个月前,我和我的男朋友突然决定搬到另一个城市去生活。他曾经在那里生活过。于是,他先行动身,搬到那个城市,住在他的朋友家里,开始找工作。当然,这一切对我来说很难熬。我实在是太想他了,但是我已经跟工作单位说好了,一个月之后才能去跟他会合。

如何要求、相信、接收：创造的过程

  时间一点点地过去，一切却毫无着落。我的男朋友并没有找到理想的工作，已经失业将近一个月了。我也还没找到新工作，并且，最麻烦的是，我还没给我们的公寓找到新租客。如果找不到人在我搬出去的那天搬进来，我们就得再付三个月的房租。我们根本没这个钱。我和我的男朋友相隔两地。我很孤单，常常感到绝望。我们没什么时间了，钱也快用光了。

  一个周末，我去看他。我们找到了一所不错的公寓。但是，现在住的那户人家没法在我们计划搬入的那天之前搬走。我们已经定好了搬家的时间，没法再改了。一切都是一团糟。

  搬家前一周左右，一天夜里，我又感到非常绝望，难受地大哭了起来。就在那时，我读到了《秘密》。我找来了两块石头，把它们作为我的感恩石。我一手握着感恩石，一手写下了生命中那些令我感恩的事物以及所有我想要得到的东西，特别是我对美好新生活的希望。我想要找到一个好工作，想好好度个假。我想马上找到一份心仪的工作，但是我也想有点闲暇时间能探索一下新的城市，在我们的新房子里好好安顿下来。我希望我的男朋友找到一份好工作，我希望我们能在之前计划好的那一天搬进新的公寓，不用再多等一天！我把我们的新房子的照片打印出来两份，用红色的水笔在照片上写下我希望搬进去的日期。我把其中的一张照片随身带着，另一张贴在床头。并且，我还希望一个善良的姑娘能在我们搬出旧公寓的那一天搬进来。

我把感恩石放进裤子口袋，每一次摸到它们时，我都会想到那天晚上我写下的那些愿望。

猜猜后来发生了什么！在搬家前五天的时候，一个姑娘打来电话，说她想要租下我们的公寓。并且，她还买下了我们的洗衣机。那台洗衣机我根本搬不走，本来也在愁着要怎么处理掉。我和我的男朋友在我们计划好的那个周末搬入了我们的新家，我们有两周的时间在新家里安顿下来，探索这座美丽的城市。然后，我们在同一天签下了新的工作合同！

我很感谢能与《秘密》相遇，它让我的生活变得更好。这一切真的很管用啊！我们所需要做的就是相信，特别是相信自己。现在的每一天里，秘密的法则还在帮助我。谢谢你，朗达，谢谢你与我们分享《秘密》。我也会继续分享下去。

——尼娅，德国

你要知道，在你提出要求的那一刻，你想要的东西就已经是你的了。你必须对此有完全的、绝对的信心。你必须去做、去说、去想，就像你**现在**已经拥有了它们一样。这就是相信的真意。

尼娅用上面写着搬入日期的新房子照片帮助自己强化信念，帮助自己相信**已经得偿所愿**。只要你让自己相信了，宇宙就一定会为你安排好其他人、情境、事件，帮助你顺利接收！这一切如何发生，宇宙**如何**帮助你得偿所愿，这些都是你不需要去管的。让宇宙帮助你完成这一切吧。如果你试着去理解这一切发生的原理，其实你会释放一种信号，一种你"缺乏信心"的信号——你其实并不相信。你以为**你必须**去做点什么，你不相信宇宙会**为了**你做些什么。

绿卡奇迹

2011年1月，我乘飞机从我的家乡印度喀拉拉邦返回美国洛杉矶，在机场候机时，我在一家小书店里买了一本《秘密》。在飞机上我读完了这本书，人生就此发生了改变。一直以来，我都在与生命中的负能量做斗争。《秘密》这本书改变了我看待世界的态度，帮助我掌握了自己的未来。

虽然如此，我还是经常重蹈覆辙。我总会忽视新工作、新房子、新关系中的好的方面，而把精力投注于那些我并不拥有的东西上——特别是那张能让我在美国一直生活下去的永久性绿卡。

因为之前短暂的婚史，我有一张临时性绿卡。若要获得永久性绿卡，我就得证明我的婚姻是真实的，是有法律效力的。那段婚姻是真实的——我的心为此深受其伤，但是我和我的丈夫结婚一年后就分居了，正在办理离婚手续。

我得雇一名移民律师，那要花很多的钱。对此，我所做的就是抱怨律师费太高昂，并且因为自己很可能要被驱逐出境而患得患失。结果，根据吸引力法则，我所面临的问题依然持续存在着，完全没有一点好转的迹象。

一切变得越来越糟糕时，为了摆脱紧张消沉的情绪，我访问了"秘密"的网站，读了网站上人们分享的亲身经历。那些人在真实生活中创造奇迹的故事深深震撼了我，我决定收拾心情，重新回到正确的轨道上来。我把我现在的绿卡彩印了两份，把上面的有效期从2011年改到2021年。我把其中一张复印件钉在了办公桌旁的软木板上，把另一张放在了钱包里。

然后，为了确保自己能够得偿所愿，我做了一件大胆的事情：我忘掉了它！我后来再也没思考过申请永久性绿卡的流程，再也没想过移民律师的事情，再也没愁过我提供的证明材料够不够——一点都没有。并且，我也没有试着去"促进"整件事情顺利进行。我没有想象过我和移民官的对话会有多么顺利，也没有想象过我的律师会为我做出怎样精彩的辩论。我只是完全不管这件事了。每当有人问我事情办得怎么样了时，我只是很轻松地回答道："申请还在处理着呢。"我不会紧盯着我的律师问东问西，也从没担心过与移民官面谈的日子是否约好了。

根据我对移民签证申请流程的了解，一般来说，在最最理想的情况下，我应该会接受一个简单的面谈，和移民官交谈顺利，并且得到移民官的青睐……但是吸引力法则带给我的远远超乎了我自己的想象！6月的第一天，我现在的绿卡失效前两个月时，我通过邮件收到了新的绿卡。没有面谈，没有移民官，没有随访，就是一张绿卡，上面印着：有效期2022年。这比我自己之前写的还**多**出来了一年！

通过这段经历，我认识到，解决问题的关键并不在于只去想那些积极的东西。解决问题的关键其实是：有能力提出要求，去相信，然后顺其自然。要相信宇宙已经听到了你的愿望，要相信其实你已经把你的愿望表达得很清楚了，要相信你的愿望一定会实现——这就是我掌握的创造奇迹的三个步骤。现在，我还会经常想要调整自己的要求，想要通过营造积极氛围助力事情发展，我正在努力克制着自己。

——安比卡·N，美国加利福尼亚州洛杉矶

安比卡意识到，自我感觉良好时，才更能相信自己能够实现目标。这是因为，相信是一种积极的情绪，它与良好的感觉有同样的频率。所以，当你感觉很糟糕时，不要试着去练习着让自己相信。先让自己感觉好起来，然后再通过想象和练习让自己真正地去相信。

如果你抱怨生活里的遭际，就会产生抱怨的频率，无法得到自己想要的。

用善念善言传送好的频率。首先你会感觉良好，之后就能发出获得更多美好事物的频率。

——《秘密：实践版》

提一次要求，然后顺其自然

我和我的丈夫决定买个新房子，我们原来的房子就空置着待售。房市很不景气，我们这么做的风险很大，但是我们一开始非常乐观。然而，挂牌销售七个月后，20多人看过了我们的房子，却没有一个人想买。我灰心丧气，一想到我们要负担两处房子的贷款就倍感焦虑烦躁。

我是在《奥普拉·温弗里秀》上第一次知道《秘密》的。很快，我就鼓励我的丈夫和我一起在电脑上观看了《秘密》这部影片。我清晰地记得，那是一个周五。两天后，周日的时候，我要去我们的旧房子清理车库，那时候，我决定要应用一下我在《秘密》里看到的方法。我提出了一次要求，希望能尽快卖掉这个房子。然后，我在脑海中想象着房子卖出后门前挂着"已售"标牌的场景，并对此心怀感恩。然后，我就顺其自然了。

当我正关掉车库门准备开车离开时，我看到一位男士拿起了门前草坪上"待售"标牌下的一张传单。第二天，房产中介打电话告诉我们，已经有三户人家竞价购买我们的房子了。45天后，我们彻底办妥了手续，完成了交易。

——特里西娅，美国加利福尼亚州布伦特伍德

要求，相信，然后你就能接收到了

一场盼望已久的旅行

打从能记事起，我就梦想着去旅行。在我看来，最大的幸福就是能亲眼看看这世界，亲自去体验人世间的种种经历。我记得，高中我写作文的时候就写到过自己多么想去旅行，写着自己总有一天要出去旅行。现在我才意识到，那时其实我是在不自觉地应用着"秘密"的法则。然而当时，我的首要目标是完成大学学业。

那个时候，美国经济正在经历持续衰退，我也精神不振，经常感到沮丧挫败。我怎么也猜不到，大学毕业时我会正好赶上大萧条之后最严峻的一场经济危机！我**没**钱，我还要还学费贷款，在我大学所在的那个镇上，我根本找不到什么工作。没什么地方招聘，偶尔有招聘机会，我也因为课业安排的原因与之擦肩而过。渐渐地，我感到灰心丧气。

我读过《秘密》这本书，并且还在现实生活中应用过呢。但我其实并不是**真正地**、**全身心地**相信这本书。于是，我决定重读。这一次，《秘密》真正地触动了我的灵魂。

在毕业前，我还有三个半月的时间。我告诉别人我要去旅行，所有人的回应都是："你根本没法去旅行！"我的父母很棒，总是给予我无限的支持。但是这一次，他们对我说："别再去想什么旅行了……未来很长的一段时间里，你都没法旅行。你没钱，我们也不会出钱让你去旅行！"有些时候，我真的很想就这么放弃自己的想法，对自己说："他们说得对。"但是，我坚持了下来。我摇摇头，告诉自己，不要再跟他们说起旅行这件事了，因为他们对此实在是态度太消极了。同时，我每一天都不停地告诉自己："我要去旅行。我不知道这要怎么实现，这要何时才能实现。但是，我知道，我**一定会**去旅行。"

我做了一个愿景板，上边挂满了我想去的地方的照片。我每天晚上都会写点东西，列出生活中我所感恩的一切——人们身上的闪光点，我自己身上的闪光点，等等。我会写下我多么感谢能有机会看看这世界，多么感谢旅行给我的灵魂带来的裨益。我坚持写了好几周，最后真的感觉自己已经去旅行过了。

一个半月后，我收到了一个老朋友的来信，为我提供了一个去意大利的机会——一个住进意大利家庭进行文化交流的机会！然后，那个家庭与我取得了联系，同意**出钱**让我在意大利生活一段时间。我简直不敢相信这一切。这简直就是**天上掉馅饼**啊！

然后，我是这么想的："好吧，只要过去了，我就有钱了。我现在只需要想办法到那边！"我不断告诉自己，我**肯定**会去的，我只是需要凑够机票钱。

几周后，我毕业了，收到了几份毕业红包。那些钱加起来刚好够我买一张机票。

然后我意识到，我不可能大老远到了意大利后**只**在意大利一个国家旅行，我还想去看看欧洲其他的地方呢。我下定决心，要在最后一个月里在欧洲各国背包旅行。我的朋友和父母都很担心我，他们总是问："你从哪里赚这么多钱呢？你是要一个人去旅行吗？有没有人跟你一起去？"对于这些疑问，我的回答很坚定："到时候我就想出办法来了。会有人和我一起去旅行，我也会存够钱的。我知道！"

然后，我就按照要再背包旅行一个月的计划订了一张回程机票。**就在第二天**，我的好朋友给我打了一个电话。她住在另一个州，我们很久没通过电话了。当我告诉她我准备在欧洲旅行时，她立马回应道："我要和你一起去。我这就去订机票……我们罗马见！"

在秘密法则的帮助下，我完成了我的**整段**旅行。只要改变一下自己的想法，就会有这么棒的事情出现在我的生命中——这让我感觉非常棒！这段旅行改变了我的整个人生。事实证明，我的钱够用了，旅行结束时，我还有结余呢！

这是真的：要求，相信，接收。它们真的管用。

谢谢，谢谢，谢谢！上帝保佑所有人。

——*阿什莉·S.，美国华盛顿州西雅图*

提一次要求，相信你已经接收到了，然后你所需要做的就是让自己感觉好起来。只有自我感觉良好，你才能达到接收所需要的那个频率。你自己的感觉好了，你释放的频率对了，所有的好东西自然会来，所有的好事情自然会发生，你只需要去接收那些你所要求的事物就可以了。

想要找到对的频率，一个很简单的办法就是，对自己说："我正在接收。我正在接收生命中所有的美好。我现在正在接收……（此处可自行填空）。"然后，好好地**感受**，就像你已经接收到了一样。

阿什莉就是这么做的。她写东西，表现得**仿佛**自己已经真的接收到了一样，然后她真的相信了，并且就真的接收到了！

从小事开始，提出要求

大多数人会迅速对小事产生兴趣。这是因为他们对小事没有抗拒力，也没有抵触的想法。而一旦大事发生了，对比就很鲜明，人们往往会表示质疑或者担忧。事情或大或小无非是发

生时间的长短。

对宇宙而言，凡事没有大小之分。

——《秘密：实践版》

一枚硬币改变一切

读完《秘密》后，我决定从一件小事做起，就像书里讲的那个羽毛的故事一样。我决定想象出一枚硬币，并且，这枚硬币是非常特别的：当我找到它时，它应该是正面朝上，崭新的，泛着光芒，并且，更重要的是，我的这枚硬币是1996年的。1996年对我来说有着特殊的意义，因此这枚硬币一定要是1996年的。

四天前，我在脑海中想象了一下这枚硬币。此后几天里，我时不时地就会想起这枚硬币。有几次，我发现自己正下意识地在停车场、人行道的路面上寻找这枚硬币。我不得不提醒自己，我并不需要寻找这枚硬币，它会主动找到我的。

我不确定我是不是整天都在想着这枚硬币。自从我想象出来这枚硬币后，我就再没有见到过其他的硬币了。今晚我去电影院看电影，散场时，不知怎么的，我看了一眼地面，发现了一枚亮闪闪的硬币。我立马想到，这可能就是我的那枚硬币。我先是确认了一下它是不是正面朝上——没错！我捡起了它。对，这就是我的那枚硬币。看到硬币上刻着"1996年"时，我兴奋地叫出了声。

我很高兴我从一件小事出发，开始了我的秘密之旅。因为我那时候最需要的其实是真正的相信。现在，我知道了，我什么都能做，什么都能拥有。我简直想要给每一个认识的人都买一本《秘密》！太感谢你了，真的是太感谢了！

——阿曼达，美国康涅狄格州

实现你的愿望，宇宙其实并不需要花什么时间。如果你感觉愿望的实现在时间上有所延迟，那是因为你并没有从一开始就真的相信，并没有打心眼里知道、感觉到自己已经实现了愿望。对宇宙来说，1美元和100万美元其实没什么区别。如果你感觉获得1美元的过程很迅速，获得100万美元的过程很缓慢，那是因为你认为获得1美元很轻松，而100万美元是笔难以企及的巨款。如果你认为你期望得到的东西很大，那么其实你是在对自己说："这个实在是太大了，要实现它有点困难，可能会花很长时间。"这就影响了吸引力法则的效果。因为，不论你想到的、感觉到的是什么，你最终都会接收到。因此，从小事开始做起，先让自己真正地相信起来。一旦你自己亲身体验到了吸引力法则的魔力，你就不会在心中存疑了。

小东西

我是从一个朋友那里听说《秘密》的。她不停地跟我讲，我们生活中所发生的一切都是秘密带来的。我就在想："那么秘密究竟是什么呢？"她拒绝告诉我问题的答案，只是对我说："要是我告诉你的话，那就不能算是一个秘密了！"所以，我就把它抛在了脑后，没再想这件事。

几个月后，住在加拿大的表哥来到了我家。言谈间，我们又说起了相同的话题：秘密。表哥告诉我，《秘密》改变了他的人生，应用秘密的法则后，他的生活里发生了很多好事。这一次，我下定决心："好吧，那我也来看看在他们口中被说得天花乱坠的秘密到底是个什么东西。"于是，我在网上订购了《秘密》的DVD，一探究竟。看完后，我想："嗯……挺有意思的。我该做点什么来测试一下秘密的魔力呢？"我决定，我要从一个很简单但是我很想得到的东西着手。这是我验证"秘密"的方法。

虽然听起来可能有点诡异，但是当时我特别想吃一种叫作"虾饺"的中国小吃。我居住的区域附近很难找到地道的中国饭馆。但是，《秘密》告诉我，要在脑海中想象出我想要的东西。我照做了。并且，我还到处去寻找哪里有卖虾饺的地方。关于《秘密》，关于虾饺，我对别人只字不提。我只是一心想着虾饺，想了一周左右，一无所获。

后来的一天夜里，睡觉前，我告诉自己："我迟早能吃到虾饺。我不知道如何才能吃到虾饺，但是我知道，我肯定能吃到虾饺。"第二天一早，我照常去上班，完全忘记了昨天夜里的这回事。我像往常一样开始了工作，突然一个同事走过来对我说："我们去厨房吧，另一个部门为每一个人都准备了早饭。"我和同事一起来到了公司的厨房。猜猜我看到了什么？我梦寐以求的虾饺！哈哈！我真的完全没有想到。这实在是太神奇了！一般来说，没有人会吃虾饺当早饭啊！但是，摆在我面前的就是虾饺。

我真的相信了，然后秘密就显灵了！我后来问过那个买来虾饺的同事，为什么会买虾饺当早餐呢。她的回答是："早上6点时，我家附近只有中国饭馆开着门！"

打那之后，我就成了秘密的忠实信徒！

——拉尼·R.，美国加利福尼亚州

很多人都会通过一件小事"测试"一下秘密的魔力，看看它"是否真的管用"。这很正常。在下一个故事里，贾森也是从一样很小的东西出发，走上了秘密之旅。他选择的这个东西很少见也很特别，最终如愿以偿获得了这个东西之后，贾森打消了所有的疑虑。

我有段时间已经不信了，后来……

《秘密》发行的前一年，我就在研究吸引力法则了。我试着应用过吸引力法则，没见到什么成效，但是电影发行后我还是非常激动。

我第一时间买来碟片观看。《秘密》这部影片实在是太振奋人心了。在一周的时间里，我连看了好几遍：我实在是太喜欢它了！

影片里有一个部分讲的是"吸引一杯咖啡"。在《秘密》的有声书里也曾讲到过，有一个人为了验证吸引力法则，吸引来了那片自己想象出来的羽毛。

我下定决心，要亲自"证明"一下吸引力法则，我要吸引来一个离我的生活非常遥远的东西——一个红色的缝纫时戴的顶针。我把它写了下来。我闭上眼睛，在心里描摹着它的样子。我看着自己的手指，想象着红色的顶针就套在我的手指上。我甚至还给自己写了一封信,那封信跟现在这封信很像,也是讲述我在吸引到红色顶针后对吸引力法则心悦诚服。

两周过去了,什么都没有发生。在电影里,人们说只用一天就能吸引来一杯咖啡,只用了两天那个人就吸引来了那片羽毛。但是,两周过去了,我什么都没吸引来!

一天,在即兴表演课上,我们做了一个练习,要在听到某个特定词语后上场或退场。分配给我的词语是"顶针"。

那一刻,我感觉棒极了。我感觉这简直是宇宙在对我说:"坚持下去,很快就要胜利了。"

我坚持了下来,但是此后又过了一个月,依旧什么都没有发生。

我感到灰心丧气,挫折失落,于是渐渐忘掉了红色顶针的事情。显然,吸引力法则并没有什么用。好吧,我不相信这些。我原以为吸引力法则会起点作用,我原以为只是我自己做的方式不对。但是,两个半月过去了,我却连一个顶针都吸引不来!我简直是不知道自己在做些什么。

后来,我去拉斯维加斯参加了一个魔术师大会。大会结束时,老师让我们在一本本子上签名,然后把手伸到他的"藏宝箱"里拿一个小物件留念。

一个魔术师签名后返回座位，他对我说："看，我拿到了一颗石头，我要把它作为我的感恩石。

"噢，你也看过《秘密》？"我问他。他确实看过。然后，我突然想到：我的红色顶针没准就在那个藏宝箱里。这也许是另一个征兆。我走过去，签了名，打开了藏宝箱，最上面赫然摆着一个红色顶针！我简直不敢相信自己的眼睛！我翻遍了整个箱子，再也没有别的顶针了。只有这一个顶针，并且它的颜色还是我心目中的红色。

现在，就像我之前许愿时对自己说的那样，不论走到哪里我都随身带着这个顶针。现在，这个红色顶针就在我的口袋里。不论何时，只要我摸到它、感受到它，我就会感受到吸引力法则的力量。这根本不可能是因为幸运或者巧合——是我用意念创造了它。

我不知道为何这个小小的顶针花了这么长时间才来到我的生命中。我不知道自己是否已经真正地掌握了应用吸引力法则的技巧。但是，每一次，只要摸到口袋里的红色顶针，我都知道：我深深地相信吸引力法则。我曾经并没有全身心地相信它，但是现在我变了。吸引力法则是真的！

——**贾森**，美国密歇根州

只要你亲自领略过秘密的神奇力量，真正地相信了吸引力法则，你会发现，应用吸引力法则，你生命中的一切都会变得更好。

秘密真的能改变你的人生

秘密改变了我们一家的生活

大约一年半前，我带着我的两个女儿（小女儿5个月，大女儿5岁）在洛杉矶住了几个月。那时，我的丈夫还在南非。我们两地分居，因为我们实在是没钱了，在南非活不下去了。于是，我和我的丈夫决定，我带着两个女儿来洛杉矶，在我的娘家生活一段时间。夫妻远隔重洋，女儿们见不到爸爸，那段日子实在是难熬。但是，唯其如此，我们才能度过那段艰难的时光。

那段时间里，有三个人向我推荐了《秘密》这部电影，告诉我秘密如何改变了他们的人生。于是，我在网上找到了《秘密》并付费进行了观看。看完后，我意识到，其实在我的一生

中，我一直是秘密法则的践行者。我一直都会在日记里记下那些令我感恩的事情。我坚定地相信我们总归会渡过经济上的难关，我和我的丈夫终有一天会幸福团聚。

同时，我也意识到，我和丈夫生活在一起时，我们之所以会不时闹闹矛盾，主要是因为他根本不相信秘密的法则，而我却不自觉地践行着秘密的法则。我一定得让他也看看这部电影。

后来，我获得了一大笔钱，回到了南非。我让我的丈夫观看了《秘密》，告诉他这部电影将改变他的人生。过去的一段时间里，他被迫与自己的女儿分离，每天只能靠喝白开水、啃白面包勉强度日，而我们养的狗狗几乎没饭吃，只能终日挨饿。那时，我的丈夫找不到工作，身无分文。等我回到南非时，我有钱了，有能力还清所有的账单，让我的家人吃上好饭；并且，最重要的是，我掌握了能改变我们全家人生活的诀窍。

我的丈夫观看了《秘密》，此后的几周里，他每天都伴着《秘密》这部影片入睡。从那时起，他开始把精力投注于那些他想要的东西，而不是那些他没有的东西。

我们在一张纸上写下了我们对生活的向往，比如我们想要怎样的房子。我们打点好在南非的一切，一起来到了洛杉矶，开始了梦寐以求的生活。我们住进了理想中的房子，我们的大女儿在洛杉矶最好的私立学校里接受教育，我的丈夫一直都有工作，我们再也不用因为经济问题而担惊受怕了。生活中的每一天里，我们都在见证奇迹的发生，一切都超乎我们的想象。我们对曾经那段在南非共同度过的日子心怀感恩，对曾经那段两地分居的生活也心怀感恩，那是段难忘的时光，对于我们的成熟大有裨益。现在，我们能看到属于我们一家的金光闪闪的未来。我的丈夫才看了《秘密》一年而已！

《秘密》改变了我们一家人的命运，并且我相信它将继续改变我们的人生！我们都知道，我们需要做的就是"要求，相信，接收"。勤于练习，愿望就会实现得更快。**这实在是太棒了！**现在，通过分享发生在我们自己身上的真实经历，我们希望能够帮助其他人改变他们的人生。谢谢。

——亚历克斯，美国加利福尼亚州洛杉矶

不论身在何处，不论世事如何艰难，你都在向胜利进发。毋庸置疑。

——《秘密：实践版》

创造过程的秘诀

- 对吸引力法则来说，没有什么是不可能的，一切皆有可能。

- 不论是什么，只要你坚持不懈地想着某一样事物，它就一定会被你吸引到自己的生命中来。

- 要求，相信，接收——简单三步，就能创造你想要的一切。

- 创造过程的第一步是要求。要求，其实做起来很简单，就是在脑海中想清楚自己究竟想要什么。

- 你可以想得具体一点。

- 提出了要求后，你就已经拥有了自己所求之事物。

- 创造过程的第二步是相信。你的所行、所言、所思都要如同你已经接收到了你所要求的事物一般。

- 就像你现在已经得偿所愿一样去相信、去思考、去说话、去行动。

- 你不必去管宇宙如何实现你的愿望。

- 只要你相信了,宇宙会为你料理好一切,帮助你接收。

- 你可以从一些小事开始,检验秘密的力量。

- 创造过程的第三步是接收。自我感觉良好时,你就转到了接收的正确频率上。你所求之事物自会来到你的生命中。

- 提一次要求,相信你已经接收到了,然后你就只需要让自己的感觉好起来。

- 从现在起,改变你的想法,改变你的人生。

AS ABOVE SO BELOW AS WITHIN SO WITHOUT

想改变人生,
我们就必须在某个时刻决定自己要与快乐为伴,
而不是继续受苦。
唯一的办法就是寻找一切可以令自己感恩的事物,
无论是什么。

——《秘密:实践版》

秘密如何让我们变得快乐

快乐源于全神贯注于那些让你感到快乐的想法,忽略那些无法让你感到快乐的想法。

你的生命在你自己的掌控之中。不论你现在身处何方,不论你的生命里曾经发生过什么样的事情,你都可以从现在开始,有意识地选择自己的想法,改变自己的人生,让快乐充盈在你的生活中。不论何时何地,总有希望。把精力投注于那些让你感到快乐的想法,你就会变得快乐,并且你生命里的点点滴滴也会开始向好的方向发展!

一言以蔽之,你当下的生活是由你一直以来的想法造就的。因此,只要你改变自己的想法与感受,你的整个人生就将随之改变。下面这个故事里,特蕾西就对此中真谛感触深切。

改变我人生的秘密!

和其他许多人一样,童年时代,我惨遭虐待,备受父母冷落。自杀、饮食失调以及其他种种自残行为对我来说是家常便饭,成了我对抗世界的主要方式。成年后,我也毫无自信,感受不到生命的意义与价值。

我从事的是护理工作,总是在照顾形形色色的人,可是我自己从来没有受过别人的照顾。我和女性朋友们交往密切,与男人们的关系却异常失败。我的前夫总是不停地出轨,我的男朋友也背叛了我。我爱我的儿子,但我总是感觉自己并不是一个好母亲,没有给他最好的爱。

有一段时间,我真的在考虑自杀这件事,因为我实在是看不到自己的出路在哪里。就在那时,一个好朋友向我推荐了《秘密》——说实在话,这真的是救了我的命。我仔细阅读了《秘密》,然后又反复读了好几遍。直到现在,我每天仍旧会坚持阅读其中的某个章节,这成了我的新的生活方式。我花了一段时间才真正地理解这本书的真意,开始学着如何坚强快乐地活下去。一开始的时候,我得很努力很努力地改变自己的思维方式,我要

逼着自己知道：过去与当下并没有什么联系。每天早上醒来后，我都会给自己一个大大的微笑，为生活中发生的好事而感恩。我非常快乐，每一天都很快乐，因为我知道这种快乐是任何人都夺不走的。并且，我越快乐，就越能接收到更多的快乐。我每天写日记，布置了自己的愿景板，感谢自己能遇到这么多志同道合的好人。我遇到了一个很棒的男人，他很爱我，并且更重要的是，我也有能力爱他。我也学会了如何爱自己，这其实特别难做到。不论是工作上还是家庭中，我的生命里充满了爱，我的整个人生都很圆满，我对此感到知足、满意，深深感恩。

我还把《秘密》送给很多朋友，我想让他们也看到生命是多么美好。

——**特蕾西**，西班牙加那利群岛

自我感觉不好时，你其实是在拒绝宇宙提供给你的爱与快乐。特蕾西不再沉溺于过去痛苦的回忆与消极的想法，而是全身心投入积极、快乐的生活。她发现，自己越快乐，就越能吸引到更多的快乐进入自己的生命——包括她理想中的完美伴侣。这就是改变自己、打造快乐人生的秘诀。

在下面这个故事里，读过《秘密》后，汉娜也改变了自己的想法，改变了自己的人生，获得了快乐。

我人生中最棒的一年

我是在生活迷茫困顿时读到《秘密》的。那个时候，我不知道自己该走向何方，不知道自己真正想要做的是什么。当时，我正做着一份超级无聊的暑假临时工作，读完《秘密》后，一切都变得不同。我立马着手实践起秘密的法则。当时，我身无分文，濒临破产。但是，读完《秘密》的那个晚上，我查了一下银行账户，惊喜地发现我的财政状况比自己想象的要好。我还在脑海中想象出了一个非常具体的东西：一个银光闪亮的口红盒。几天后，我就遇到了它！

读完《秘密》几周后，我找到了一份新工作，上班时间非常灵活，薪水特别高。并且，我获得了在曼哈顿的一家公关公司实习的好机会。

大三开始后，一切仿佛都步入了轨道。因为这份实习，我有机会出席很多重要的活动，遇到了很多极具影响力的名人。我的兼职工作让我衣食无忧。并且，我的这份工作帮助我获得了另一个在知名时尚杂志实习的机会——在那里，我得到了很多免费的美丽衣服，并且受邀参加了时装周等活动。

一整年里，好事一件接一件地发生着。我相信，这一切都是因为我读了《秘密》。一整年里，我遇到了很多善良美丽的人，获得了很多难能可贵的机会，得到了很多可爱迷人的礼物，参加了很多光鲜时髦的派对。并且，最重要的是，这一年里，我收获了正能量！我吸引到了一批志同道合的人。

我下定决心夏天时留在纽约，自己付房租。我顺利获得了之前实习的那家公关公司的正式工作机会，过上了理想的生活！这一年里，发生了那么多美好的、幸运的、令我深受启发的事情，我把它们一一记录了下来——我列出了将近100条。并且，好事还在持续不断地发生！

——汉娜，美国纽约州纽约

放下过去

如果你不停地回首过去，沉浸于过去的苦难，你只会把更多的苦痛吸引到自己当下的生命中来。回望过去时，放下童年那些不好的遭遇，只汲取那些美好的回忆就好；放下青春期和成年后那些不好的遭遇，只汲取那些美好的回忆就好。这么做的话，你会发现自己将变得越来越快乐。多想想积极的事情，你就会越发清晰地意识到自己生命中的所爱与乐事，从而变得越发快乐。

同类相吸。你快乐时，也会吸引来快乐的人、快乐的事、快乐的境遇。你的人生会就此改变——每次一个快乐的想法。

你的人生就是内在的一种反映，而你的内在始终是由自己控制的。

——《秘密：实践版》

崭新的开始！

发现《秘密》时，我的人生起航了。

在遇到《秘密》之前，我**终日**郁郁寡欢、低沉失落，曾多次试图自杀。我的心中充满了怒气，几乎从来没笑过。我恨我自己，也恨我身边所有的人。我曾经听着哀伤的歌曲，抱头痛哭。我曾经看着悲伤的电影，抱头痛哭。我曾经一遍又一遍地讲着我生命中的各种问题，抱头痛哭。我曾经酗酒，做出一些伤害我朋友的行为。那时，我真的是很郁闷、沮丧。

当然，过去发生的事情现在还是停留在我的生命中。但是，我知道了，不论如何，过去已经过去了，我无法再改变什么了。但是我可以继续勇敢地生活下去，打造好自己的现在与未来。对此，我真的是要感谢《秘密》。

开始应用秘密的法则后，我第一次发现了自己身边的爱。我简直不敢相信，我之前对此竟然毫无察觉。说真的，我深受震撼。并且，我感到非常快乐！所有人都说我变了，我开始闪耀出不同的光芒！

我还找到了几个真的很关心我的朋友。当我开始向周围的人显露爱意时，所有人也都开始向我显露爱意。我感受到了越来越多的爱，这正是我一直以来梦寐以求的！

我的下一个目标是找到自己的灵魂伴侣。并且，我已经找到了那个人。你知道吗，他满足了我之前列出的理想伴侣的所有条件！

一有机会，我就会和其他人分享《秘密》这本书，不论我认不认识这些人。我想让所有人都感受到我的感受。我满心感恩。如果没有《秘密》的话，谁知道我现在会是什么样呢？

谢谢你。谢谢你，上帝。

——米基，瑞典

创造意味着**新的**事物被开创出来——这将自然而然地取代旧的事物。你不必去想你要改变的是什么；你需要做的，是好好想想自己想要创造出什么。当你的生活中充满了积极的想法与感受，你会发现，那些负罪感、憎恶感等所有的负面感受都自然而然地消失了。然后，你就能开始讲述最美妙的故事——关于你自己的快乐、美好人生的**真实**故事。

获得快乐的方法很简单，不要再去做那些让你感觉不快乐的事情！消极的思想造就了你自己的不快乐，也造就了整个人类的不快乐。摆脱消极思想并不难，关键是全身心投入积极、快乐的想法。

朋友给的一点帮助

2008年4月中旬，我的好朋友向我推荐了《秘密》。她的弟弟是《秘密》的忠实信徒，她自己也在努力地身体力行。她知道，我需要帮助。那个时候，我29岁，过去四年里每天都在服用大量的抗抑郁药物。我的孩子们住在社会福利机构里，我感到失落、孤独。

我买了一本《秘密》，立马陷入了《秘密》的世界。我理解、欣赏其中的每一句话，它们简直写到了我的心坎里。我每天晚上读一点，确保自己真正地掌握了书中的精髓。我试着在生活中践行秘密的法则，并获得了立竿见影的效果。我能感觉到，自己正在变得强大、积极、开朗，并且，我有生以来第一次感觉到了自己生命的"真实"。我不再吃药了，努力让自己变得更强大。我把药放在身边，以备万一。但是，从那以后，我再也没有碰过那些药片！我成为一个更好的人，成为一个更真实的人。我想要与别人分享我心中的感谢、力量与信念！

上周，社会福利机构终结了我的案子，他们对我说："真的不敢相信你变了这么多，你现在简直脱胎换骨了。"对此，我微微一笑，回应道："是的，我变了，我终于成为真正的自己。"

我现在是一个快乐的35岁单亲妈妈，有几个儿子，热爱生命，坚强乐观，愿意与别人分享我的感恩与感谢。我的床边就放着感恩日记，并经常进行记录。我与好几个人分享了《秘密》这本书，告诉那些正在苦苦挣扎的朋友，发现生命中那些值得感恩的小事，记住此刻的心情，让这种心情发扬壮大。

现在有些时候，我仍然会觉得我需要努力才能把自己拉回正轨。但是，我对此有清醒的认识，并且总能很快就重返快乐！我的秘密转移物真的很管用，我的心中充满了感恩，这让我的内心充满活力。有时我会因为对一些小事心怀感恩而泪流满面！

秘密真的管用！这真的是太奇妙了！

——梅利卡·P，英国埃塞克斯

上文中，梅利卡提到了"秘密转移物"。当你感受到愤怒、失落等消极情绪时，你可以利用秘密转移物帮助自己快速摆脱消极，重返积极。秘密开关可能是一段美好的回忆、对未来的一个期许、生命中的有趣时刻、大自然、你的爱人、你最爱的音乐等等。你的秘密转移物是独一无二，只属于你自己的。你需要准备好几个秘密转移物，因为在不同的情境下你可能需要不同的秘密转移物，如果一个不管用，试试另一个。

你可以像梅利卡一样，利用秘密转移物把自己拉回到正轨上来。你得先让自己的感觉好起来。感觉好了，你才能把更多的**美好**吸引到自己的生命中来。

看到，感受到，接收到

想象一下你希望获得什么，在你的脑海中将其视觉化——看到它，在内心中感受到快乐，然后吸引力法则会找到一个完美的方式帮助你接收到它。

新的房子，新的宝宝

践行秘密法则以来，很多东西已经在我的生命中得以显现，比如我的丈夫、我稳定的财务状况、我的健康、我的新车。

结婚后,我和6岁的女儿跟着我丈夫搬到了他的故乡。我的丈夫是家里的顶梁柱,而我专心于完成学业。

最近,我们决定步入婚姻的下一个阶段:买一栋房子,再生一个孩子。对此,我们有一个大体的时间规划,但是,随着时间的推移,我们还是没找到心仪的房子,我也没有怀上孕。

我的丈夫也是吸引力法则的忠实信徒。我们后来意识到,这主要是因为我们没有做好"要求、相信、接收"这三步。

我们不停地在想象中描摹着我们理想中的社区的样子,虽然那个社区对住户有非常高的要求。我们想象着我们理想中的房子的样子,想象着我们能付出的买房价格底线。我们还想象着我们的孩子的样子——我甚至还在网络上记录下了有了宝宝后我们需要添置的所有东西!

我们每天都会来到我们心仪的那个社区。我们特别喜欢那片区域,参与了两处房子的竞价,但是都败给了出价更高的人。

然后，一天晚上，我们一如既往地在那个社区闲逛，找到了我们理想中的房子。它的地理位置非常优越，房屋造型与我们想象的一模一样。但是，这处房子要价非常高。我们知道，这就是我们的房子了，所以我们还是按自己的心理价位给出了报价。我们给出的报价很低，或者可以说我们给的报价简直是低过了头。

第二天早上，我们接到了房屋中介的电话，告知我们屋主接受了我们的报价！这个好消息简直让我们乐翻了天。并且，同一天早上，我发现自己怀孕了！

之前，我在网上列出的清单是按照我会生一个男宝宝设计的。我还在枕头下放了一张纸，纸上写着宝宝的名字、性别、眼睛的颜色，我每晚枕着它入睡。你猜怎么样？我生下了一个有着绿色眼睛的男宝宝，就跟我想象中的一模一样。

思想的力量实在是太强大了，这一切真的是太美妙了。

——希瑟·M.，美国纽约州布法罗

你是否也曾有过这样的经历：你心里想着一些令自己不爽的事情，越想，事情就变得越糟？这是因为如果你持续想着一件事，吸引力法则就会立马将**类似的**事情带进你的生命。好在，如果你想的是一些令自己开心的事情，越想，事情就会变得越美好。

如果你关注的是令自己感到快乐的想法，你会吸引来更多快乐的想法。事实上，快乐是能帮助你达成所愿的捷径。从现在开始，快乐起来吧！向宇宙释放出你开心、快乐的感受。如此做来，你也会吸引来更多能让你感到开心、快乐的事物，把你心之所想、所向都吸引到自己的生命中来。释放出快乐的感受时，你也会接收到令你快乐的事物，感受到更大的快乐。

在下面这个故事里，黛安娜想象出了一个自己特别渴望的东西，最后，她获得了远远超乎自己想象的快乐。

现世报

第一次观看《秘密》这部影片时，我感到一种"似曾相识"的感觉。但是当时，我还没有真正地、完全地理解它。我有很多美好的体验，因为我对一切都心怀感恩，因为我总是会把我自己的心愿视觉化，因为我总是认真地观察着周围的一切。

最近,我搭乘夜班飞机从波士顿飞往菲尼克斯。我很早就上了飞机,因为我额外花钱购买了前排的座位。去年,在同一班飞机上,我很幸运地独享了一整排的位置,在旅程中得以伸展开来,躺在座位上睡觉。那一天,我一直在脑海中描绘着这样的画面:我旁边的座位都是空着的,我可以再次享受上次那种难得的奢侈飞行体验。放行李时,我听到后排一位上了年纪的女士问空姐,她是否可以坐到前排来。空姐对她说,前排的座位是需要花钱的。那位女士立马说,她有幽闭恐惧症,需要坐到前排去。我一边整理着自己的行李,一边听着空姐解释说:可以坐到前排,但是这需要付点钱。对此,那位女士立马回应说自己没钱。

旅客们陆续登机,我越来越高兴,因为始终没人坐到我的旁边来。我告诉自己,这一切都是秘密的魔力。最后,空乘人员宣布,飞机马上起飞,机舱门即将关闭,所有乘客需要关闭电子设备。我知道,我的愿望实现了。对此,我感到非常快乐。但是同时,我也不停地想着后排那位上了年纪的女士的事情:患有幽闭恐惧症的话,她坐在后排肯定会感到非常难受。想到她正在难过受苦,我自己也无法安心享受这幸运获得的多余的机舱空间。我起身找到之前的那位空姐,对她说我会付钱让那位患有幽闭恐惧症的女士坐到前排来，但是她们要保守这个秘密，不能让那位女士知道这件事。空姐对我微微一笑，说她会处理好。

几分钟后，那位女士来到了我这一排坐了下来。我们只进行了非常简短的交流，但是我能看出来，她很开心。看到她这么开心，我的心中也充满了快乐，比我自己能舒展身体睡上一觉更快乐。那个晚上很快就过去了。

飞行要结束时，空姐开始收取机上餐饮的费用。我一直都等着她们停在我这一排，但是她们好像都忘记了要问我收费。最后，那个我之前找过的空姐在我这一排停下，我把信用卡给她，她并没有拿。她俯身下来，轻声对我说，她要代表机组人员感谢我。我的所作所为是他们在飞行中见过的最美好的事情，他们都深受感动与鼓舞。因此，他们不仅不会收取我的前排座位费，还会为我支付机上餐饮费用。

对此我感到非常荣幸，心中充满了爱与温暖，感动得说不出话来。我只能轻声回复道："谢谢你们！"

这段经历实在是太美好、太温暖了。我很惊喜地看到,我**主动**做了一件好事,然后这份善意与关爱就这么传递了下去。

——黛安娜·R., 美国亚利桑那州菲尼克斯

想快乐的事情,现在就快乐起来!

我们很多人都误解了快乐的真意。我们以为,只有获得了自己想要的一切,只有生活顺了心意,我们才能快乐。因为有了这样的想法,我们创造了很多借口,来解释为什么我们现在不能快乐起来。"等我找到工作了,等我升职了,等我辞职了,等我考完试,等我考上大学,等我大学毕业,等我减肥成功,等我增肥成功,等我买好了房子,等我卖掉了房子,等我还清了债,等我没有了压力,等我从这段关系中解脱出来,等我开始一段新的关系,等我有了家庭,等我更健康了……我就快乐了。"

但是,事情的真相是,正是以上这些想法、这些借口阻碍了你,让你感受不到天赋的快乐——不论发生了什么,这种快乐每天都在你的身边。正是以上的这种想法、这些借口妨碍了

你在**此刻**就感受到快乐。并不是生命中的际遇让你无法获得快乐,而是你的这些借口让你无法快乐起来!同类相吸,快乐会吸引来快乐,放下这些借口——每一个借口,从现在开始快乐起来吧!

快乐的力量

过去,我可以说是所有人中最惨的一个。对我来说,苦难是一种生活方式,只不过当时我并没有意识到这一点。我在苦难中煎熬了40多年,突然,一切都变了。并且,最棒的是,改变是那么简单。我只改变了我人生中的一样东西,就摆脱了重度抑郁与酗酒的困扰,从一个失业的单亲妈妈变成了一个成功运营着一家独立出版公司的成功女性。

我至今仍清晰地记得我第一次尝试自杀时的事情。我跑进浴室,抱头痛哭,内心感到受伤、脆弱。我打开了药盒,把所有的处方药都找出来吞了下去。我就是想死。那时,我才9岁,甚至还不知道"自杀"这个词意味着什么呢。我只知道,吞下这些药后我就会死。我就是想死。

这是我的第一次自杀经历。后来,我还试过吞药、割腕、窒息等。十几岁时,我还用枪对准了自己的脑袋。还好那时我的父母早回家了,于是我赶紧把枪扔回他们的床头柜,跑回了自己的屋里。20岁以后,我开始喝酒。我不停地搬家,经常搞丢工作,不断地换男朋友。我曾经挺有钱的,但后来因为失业,我甚至失去了自己的房子。我曾经深受背痛的困扰,后来又因为罹患乳腺癌而长期病休。我的人生中还发生了很多糟糕得多的事情。

差不多两年前,我终于决定追求自己的梦想,成为一名心理小说作家。我成功了。我全身心倾注于自己的书中,书的销量相当不错。然后有一天,当我坐在电脑前准备创作第六本书时,突然,我不想再将这一切继续下去了。

我很累,筋疲力尽,痛苦不堪。我辛勤努力,最终实现了自己的梦想,成了一名作家。但是,我现在再次回到了情绪的低谷。我不敢相信这一切。我当时想:"完了。"然后,我就陷入了有生以来最严重的抑郁。我不停地睡觉、喝酒,感到自己整个人都是麻木的。我竭尽全力与其他人交流交往,但是同时我感觉自己整个人都处于一种抽离的状态。我是一个单亲母亲,还有两个女儿,我不能死。所以,我只能努力活着,只对那些爱我的人说他们想听的话。因为，我当时根本不知道究竟发生了些什么。

过去几年来，我一直在研究、学习吸引力法则，但是我总感觉把什么东西遗漏了，却始终想不出来那是什么东西。几周后，我渐渐开始想到，也许成为一名作家并不能真正地让我快乐。我不断在脑海中重复这个想法，直到最后我满脑子里都是"让我快乐，让我快乐"。然后，我想到了之前看过、读过许多遍的《秘密》，想到朗达·拜恩曾经说过："你要让自己感觉好起来。"

然后，我顿悟了。我之前不停追求着的这一切，也许并不是为了做成某件事，而是为了让我自己快乐起来，让我自己感觉好起来。这意味着什么呢？

我意识到，我从来不曾学习过如何拥有快乐。当然，我曾有过一些快乐的时刻，却不曾拥有过快乐。我一直在追求快乐，但是从没有实现过。就在那时，我决定，我要学习的是如何拥有快乐。在这一方面，其他人都教不了我，我是我自己唯一的老师。

我列了一个单子，上面是10件能让我真正快乐的事情。我决定要把这10件事融入我每天的生活中。然后，我的生活走上了正轨。我并不一定每天都去把这10件事做一遍，有的时候我只是每天早上看一遍这个单子，在脑海中把每件事过一遍。

猜猜后来发生了什么？我开始感觉到快乐。我充满感恩地迎接每一个早上，主动去想一遍那些让我感到快乐的事情，然后，我终于找到了自己的快乐。一旦掌握了快乐的秘诀，我就开始吸引更多的快乐事。因为我是快乐的，我自然而然地吸引来了更多的快乐。

我希望自己有能力回到过去，对当时只有9岁的我说："要结束这难熬的痛苦，你其实并不需要吞下这些药片。你可以摆脱这些难受的感觉。你可以列一个快乐清单，然后，一切就会好起来。不，不仅会好起来，一切最后都会变得非常棒。"但是，我回不去了。现在，我能做的只有和其他人分享我自己的故事，告诉他们，我摆脱了40多年来令我难受不堪的苦痛状态，因为我主动创造出了自己的快乐。我快乐了起来，然后，在吸引力法则的作用下，一切都好了起来。如果我受这么多苦就是为了能把这份经历和其他人分享，那么，一切苦难都是值得的。

——海迪·T，美国加利福尼亚州奇科

现在就快乐起来吧。**现在**就让自己感觉好起来吧。你只需要做到这一点。如果读完这本书后你只能记住这一点的话,恭喜你,你已经找到了秘密的真谛。

我们完全可以自由选择想要的东西。选择权在你手里,由你决定如何行使自己的权力。
想从今天开始就过得更快乐,或者等到明天再说。
觉得哪个更好?你自己选择。

——《秘密:实践版》

快乐的秘诀

- 一次想一件快乐事,你就能改变自己的人生。

- 全神贯注于那些能让你快乐的想法,忽略那些无法让你快乐的想法。

- 想法越积极,就会变得越快乐。

- 快乐时,你会把快乐的人、快乐的事、快乐的境遇吸引到自己的生命中来。

- 人生的境遇无法阻碍你获得快乐;让你无法获得快乐的,是你自己找的借口。

- 不要再沉溺于那些来自过去的痛苦回忆。沉溺于过去的苦难,你只会把更多的苦难吸引到自己当下的生活中来。

- 要相信这一点:人类之所以不快乐,很大程度是因为人们有很多消极的想法。

- 让自己的想法积极起来，让自己的感受积极起来，因为在积极存在之处，消极无法同时立足。

- 利用秘密转移物改变消极的想法。

- 不论身边发生了什么，都要从中寻找值得感恩的事情，这样才能快乐。

- 世间本无绝望的境地。

- 今天就练习着让自己快乐起来吧。在此基础上，铸就自己的未来。

- 拥有美好人生，捷径无他：现在就让自己的感觉好起来、快乐起来吧！

· AS ABOVE SO BELOW · AS WITHIN ·

财富无法带来快乐,但快乐却能带来财富。

——《秘密:实践版》

秘密如何为我们带来财富

聚焦丰足，吸引财富

需要钱，这是你内心非常强有力的感受，根据吸引力法则，你也必将继续吸引来"需要钱"这一事实。要改变这一状况，就得扭转自己的观念，把所思所想从"钱不够"转换到"钱充足有余"的频道上来。多想想"富足"，少想一点"匮乏"，你就能扭转自己缺钱的局面。

钱来得又快又容易！

我念的是一所私立大学，学费高达40,000美元，这还不包括食宿和其他生活开销。但是，我家庭经济情况并不好，我的父母在经济上帮不了我，我只能自己负担这一切。有一天，学校将挂出下一年资助困难生的相关通知。那天早上起床后，我对自己说："今天很美好，钱来得又快又容易。"但是，看到通知后，我发现自己只获得了5,000美元的资助。我以最低时薪做着兼职工作，无论如何我也凑不出剩下的35,000美元。

因为之前读过《秘密》，于是我运用秘密的法则，对上帝和学校表达了我的感恩之情，感谢他们支付了我的学费。在社交网络上，我看到很多人都在抱怨自己获得的资助金太少，他们写道："再见了，学校。""我的大学生涯到此结束了。""这一切都太搞笑了，太令人火大了。"对此，我只是微微一笑，我在心里想着："至少我的学费都有着落了！"

那天下午，我来到了资助办公室，得知我可以发邮件要求有关部门重新审核我的资助申请。但是，重新审核需要花上至少一周的时间。

那天下午接下来的时间，我咨询了很多人，问他们有没有听说过与艺术专业（我所学的专业）相关的奖学金或经济补助。但是，在整个过程中，我一点都没说学校的坏话，也没抱怨自己获得的奖学金太少。我只是单纯地向他们寻求了经济方面的建议，并且我一直心怀感恩与爱，一遍遍地感谢上帝，感谢他帮我支付了学费，一遍遍微笑着重复说："钱来得又快又容易。"

回到家后，我给资助办公室写了邮件，但是，在发出去之前，我想再确认一遍我获得的奖学金是不是5,000美元，因为我想没准我得到的奖学金会稍微多上那么一点点——比如5,150美元或5,200美元。你**绝对**猜不到我再次打开那个奖学金通知时看到了什么。不知怎么的，虽然今天早些时候奖学金通知上已经写明了这就是"最终金额"，但我的奖学金金额发生了变化。事实上，我后面一年的学费问题都解决了！我得到的奖学金不仅够我支付下一年的学费，还有结余可以用来支付房租。

我之前就应用过秘密的法则，但是我也曾想过：我自己那么努力，我的成绩那么好，却仍然那么缺钱。现在，我相信了，凡我所想，皆有可能；我是一个好人，我会得到我想要的一切。所有人都应该这样相信！

——**切尔西**，美国加利福尼亚州旧金山

妙用道具，帮助你相信金钱上的富足

妙用道具，可以帮助你相信你已经接收到了你所要求的一切。你可能还记得，前文中，恩妮讲过她自己是如何用宇宙银行里的支票吸引来财富的。来自宇宙银行的支票其实是秘密团队打造的一个道具，旨在帮助你相信自己在金钱上是丰足的。你可以从网址www.thesecret.tv/check免费下载一份来自宇宙银行的空白支票。宇宙银行资金充裕，足够你随心支取，你可以在这张支票上写上自己的名字和自己希望获得的任意金额。把这张支票放在显眼处，让自己每天都能看到它，这样你就会真的相信自己**当下**就已经拥有了这笔钱。想象一下，你随心所欲地支配这笔钱，想干吗就干吗。是不是感觉非常棒！要知道，这笔钱就是你的了。只要你要求了并且相信了，它就是你的了。

记住，吸引力法则并不知道你想象的一切是否真的存在，因此当你幻想自己愿望得以实现的时候，感受一定要逼真。一

旦你开始觉得那是真的,那么你离成功将一切变成现实就不远了。

——《秘密:实践版》

写一张你自己的支票

看完《秘密》后,我就立马成了忠实的信徒,并把它推荐给身边的人们。《秘密》真的改变了我的人生。那时,我与我的未婚夫分手了,几近破产,不得不搬回家和父母住在一起。我以为我的人生就这么完了。但是,《秘密》改变了这一切——具体说来,是秘密网站上那个可以免费下载的空白支票改变了这一切。

过去几年来,我一直都在写"新月"财富支票,断断续续地能见到一点成效——这主要取决于我有多相信我写的这些支票。因此,看完《秘密》后,我马上找到了来自宇宙银行的空白支票,并打印了出来。在那张支票上,我填写了一个我当时想都不敢想的数字:55,000美元。我也不知道自己为什么会写下这个数字,但我就是写了。然后,我把这张支票钉在软木板上,挂在了卧室的墙上。每天晚上睡觉前,我最后一眼看到的就是它;每天早上醒来后,我一睁眼就能看到它。

有时候,我会自觉练习,让自己感觉到钱马上就会有了。但有时候,我会嘲笑自己的想法(现在我相信,就是因为有这种想法,我的钱才来得很慢)。

当我的人生几乎跌入谷底时(我丢掉了工作,妈妈得了重病,和前任未婚夫的关系彻底完蛋了),我突然接到一封来自亲戚的信:我即将得到一笔50,000美元的遗产。

说真的,这个故事我编都编不出来。读完那封信后,我非常激动,心脏都快要跳出来了。有了这笔钱,我可以把债都还清,进行一笔投资,重返校园。并且,我还会用这笔钱置业,开创自己的生意。

——*富足太太*,加拿大安大略省渥太华

做一块财富愿景板

愿景板是帮助你在脑海里勾画自己愿望的工具。当你看着这块板的时候,心里就留下了渴求的印记。你专注于愿景板时,感官和内心的积极感受也会被唤醒。如此一来你就能让创造的两大要素——你的思维和感觉充分运作起来。

——《秘密:实践版》

在下面的故事里,纳塔莉利用一块愿景板帮助自己集中精力,专注于自己的愿望。她的愿景板上有一张来自宇宙银行的支票。在这个故事里,你会看到,宇宙银行实现了她的梦想——虽然在那个时候,她对自己在支票上究竟写了些什么都没有搞清楚。

检查一下时间

2009年,我被军队派遣到伊拉克,在那里第一次听说了《秘密》这本书。我买了一个Kindle(电子书阅读器),想从

网站上找点书，就这样，我遇到了《秘密》。我花了两天时间读了这本书，读完后，我头脑里的什么东西被点亮了。之前，我一直向上帝祈祷，希望上帝能给我答案，因为我相信上帝的爱是伟大而纯粹的，上帝希望我过上富足的生活。但是，我的祈祷并没有应验。我一定是在哪里有疏忽遗漏。于是我继续向上帝祈祷，希望上帝能向我揭示我究竟哪里有所不足。

一开始，我吸引到了一些小东西。后来，我渐渐地吸引到了一些大的东西，如退役后的一份高薪工作、三次大幅提薪、我的毕生所爱。熟练应用吸引力法则后，我决定向宇宙索要一笔钱，一笔我能想象到的最大数额的钱。我坐下来，大声问自己："我究竟想要多少钱呢？"我坐了一会儿，突然，一个数字跳入我的脑海。我知道，这就是我想要的金额了。2010年元旦，我做了一块愿景板，上边贴满了我在新的一年里希望能吸引到的东西。我从网络上下载了秘密支票，在上面填写好我心目中的数额。当年年底，我吸引到了愿景板上的每一样东西，除了这笔钱。

我把这张支票又贴到了新一年的愿景板上，在脑海中想象着拥有了这笔钱后我会买些什么、做些什么，盘算着自己究竟要如何花这笔钱，计划着自己要如何用这笔钱帮助身边的人。

就这样，又过了两年。我能吸引到愿景板上的所有东西，除了这笔钱。

2012年快要结束时，所有人都在喜迎新年。那时，我看了一下我的愿景板：又一次，我吸引到了我想要的一切，除了那笔钱。我对自己说："我知道，等我自己准备好了接收时，宇宙会把钱提供给我的。"我继续相信着秘密，每天冥想，并且经常阅读秘密网站上人们分享的故事。

2012年年底，我终于可以说：今年，我的愿景板上的**所有**愿望都实现了。因为，这是第一次，我吸引到了愿景板上的**每一样**东西，包括那一大笔钱。这笔钱来得相当出其不意，起初我以为是搞错了，但是并没有！有一天，我准备布置2013年新的愿景板，无意间又看了一眼之前的那张旧支票，惊奇地发现我在支票上写下的日期是2012年12月31日！

可能是打印出了错，但是即使我犯了个错，宇宙还是没有辜负我。并且现在我知道，我的"错误"其实也自有其深意。因为那时的我在经济上还不稳定，如果一开始我就顺利得到了这笔钱，我很可能无法善用它。现在，我已经能完全掌控自己的经济状况了，我的状态更好，这笔钱来得也正是时候。

要求，相信，接收。宇宙一直在倾听我们的愿望，并且一直在帮助我们实现愿望。我是有福的。我知道。

——纳塔莉·J，美国佐治亚州萨凡纳

心怀感恩，以利接收

向宇宙提出要求后——不论你要的钱还是其他，你必须相信自己已经得偿所愿。也就是说，你必须要心怀感恩，因为你要相信自己现在就已经接收到了。或者换句话说，在你真正接收到**之前**，你就要心怀感恩。

当你在不利的境遇中施展感恩的力量，其实你就创造了一种**新的**境遇，破除了旧的、不利的境遇。也就是说，即使你还没有足够的钱，只要你心怀感恩，你就能创造一种新的境遇，获得更多的金钱，破除掉旧的缺钱的状态。

意外之喜

　　2007年12月，我作为一家慈善机构的执行董事敦促董事会成员为我们的非营利机构购置一处房产。我找到的这处房产需要进一步修缮改造，我们得再做一个新的抵押贷款。这件事令我们所有人都精神紧张。但是，不论如何，我们还是满怀信念和决心地推动着事情的进展。

　　圣诞节假期，我和我的妻子在旅行的过程中遭遇了一场小车祸。那之前的几个月里，很多朋友就推荐我们读《秘密》。发生车祸后，我们意识到，我们正在吸引一些不好的东西，我们需要改变，于是立马买来了《秘密》的有声书，在回程的路上就听了起来。其中，我非常欣赏"感恩日记"这个理念，给自己和妻子各买了一本。2008年元旦那天，在感恩日记的第一页，我列出了所有我已经拥有并为之深深感恩的事物。在这一页的背面，我写下了这样一段话："2008年3月31日，我们慈善机构的新房产收到了75,000美元，为此我深怀感恩。"请注意，那天是1月1日，我那时就在对一个自己还没接收到的东西表示感恩。

　　2008年3月15日，我接到一个电话，当地的一家基金会听说了我们正在购置新房产，想为我们提供帮助，让我在3月25日那天安排一场基金会与我们董事会成员的会谈,进一步讨论具体事宜。要知道,我们并没有向这家基金会寻求帮助,是他们主动找到了我们!3月25日那天的会谈中,该基金会表示他们会为我们解除贷款之忧,我们只要努力做好自己的资金筹集工作就行了。更令我感到惊讶的是,该基金会将分两次付钱:我们会在3月31日他们上一财年的最后一天里收到75,000美元,然后在4月1日他们下一财年的第一天收到尾款!

——赞恩·G., 美国科罗拉多州普韦布洛

除非我们懂得对已经拥有的心存感恩,否则就再也得不到任何东西。事实上,如果一个人对万物都心怀感恩,那么他就不会再提出任何请求,因为他在请求之前就已经被赐予了。

——《秘密:实践版》

俗话说,天上不会掉馅饼。但是,如果你真的心怀感恩,没准馅饼就真的会从天而降——那是来自宇宙的礼物。

天降金钱

我和我的男朋友住在市中心的一所高层公寓里。因为读了《秘密》，我每天早上起床后都会站在阳台上对我们拥有的一切表达感恩。

一天早上起床后，我在阳台上发现了一枚硬币。我就把它留在了那里。几个月后，我起床后发现我们的阳台上有好几张——一共有七张——一美元纸币。我环顾四周，发现别人的阳台上也有些一美元纸币。

一个月后的一天，我很早就起床了，当时天还很黑，我发现阳台的地上有两张纸币。黑暗中，我辨认不清上面的数值，于是就把它们捡了进来。竟然是两张20美元纸币！哇！我非常兴奋，于是走到外面，想看看其他人的阳台上有没有钱——并没有。环顾四周，我又找到了三张20美元纸币，其中一张还落在了花盆里！我那天早上一起床就平白无故地得到了100美元，这实在是太奇妙了！其他人都没有收到这些钱，也没有人丢过钱。这真是天降的好事！

一周后，我做了一场梦，在梦中有三个数字不断地重复出现。我不是赌徒，也从不玩彩票，但是我对我的男朋友说我们一定要用这三个数字买彩票。我这么说其实也够奇怪的!当天我并没有中奖,但是我们又坚持了几天。猜猜后来发生了什么?我梦中的数字组合真的中奖了,就像我曾经视觉化的一样!我中了290美元。

此后,我收到了一封邮件通知,告知我,我在一宗集体诉讼案件中获得了赔偿金。我根本就不知道还有这么一个集体诉讼案件啊。我什么都没做,只需要等着收钱就好了。

毫无疑问,这一切都是因为秘密。感恩实在是太重要、太必要了。我相信,任何一天中、每一天中,好事都会发生。

祝福所有人!

——帕特,美国佐治亚州

想象自己已然拥有

如果你想获得更多的财富,就把自己要买的东西列出来,然后沉浸在对这些东西的想象里并体会已然拥有的感觉。想象

自己正和所爱的人一起分享并体味他们的幸福。

——《秘密：实践版》

不要限制自己的人生，不要以为金钱是获得快乐的唯一途径。不要把赚钱作为自己的唯一目标。你的目标应该是：你想成为怎样的人，你想做些什么事情，或者你想拥有怎样的人生。如果你想有一个新家，想象并且感受一下你已经住在里边的感觉。如果你想买漂亮衣服、买东西、买车，如果你想要上大学，如果你想要去另一个国家生活，不论你的愿望是什么——想象一下！所有这一切都可能以你完全意想不到的方式实现。

秘密如何帮我们搬家

我们一家在原先的老房子里住了将近14年。住在那里时，我们并不开心。我们的房子非常老旧，亟须修缮，但是我们没钱。我们都想搬离那个街区，在那里生活感觉非常痛苦。一切都很糟糕，环境非常差劲。我宁愿去工作也不愿意待在家里：那个房子就像是一个充满压抑的黑洞。14年来，

我们一家人一直都在说:"我们没法搬家。""没人会愿意买我们的房子。""我们没钱搬家。"那时,我们不知道秘密,不知道宇宙的"你的心愿就是我的指令"这个说法。我们一直在用消极的思维阻挠着事情的发展。

我们看上了一处房子,房子刚上市时价格高昂,完全超出了我们的承受范围。但是,无论如何,我们都非常想要得到它。其中,我的丈夫决心最为坚定。他会指着那处房子对我们说:"那就是我们的新房子。"

我们都看过《秘密》,它让我们的生活以意想不到的方式变得更好。我们一家四口齐心协力运用秘密的力量。我们想象着住在梦想小屋里,想象着家具应该怎么摆、窗外的风景怎么样、屋里要怎么装饰,想象着我们一家人在新家的厨房里做饭,闻着饭菜的香味,安静地坐在院子里,向远处我们的新邻居挥手致意。我们想象着、感受着。我们相信我们已经住进了新房子。

这之后没出五周,我们就真的住进去了!我们没进行任何修缮就把旧房子投入市场挂牌出售。不出两天,我们就收到了一份基本达到预期的报价。我们想买的那处房子已经在市场上出售一年半了,售价大幅降低。我们很快就顺利办好了抵押贷款，买下了房子，并且还余下了点闲钱购置了新家具。现在，一下班我就恨不得马上回家。我甚至会回家吃午饭。我每天都感谢上帝赐予我们这个房子，我很享受住在这里的每分每秒。我们一家人都很快乐！

——吉娜，美国宾夕法尼亚州普利茅斯

吉娜和她的家人在视觉化的过程中运用了非常强有力的方法——他们动用了**全部**的感官。他们不仅在脑海中看到了梦想中的房子，他们还感觉到，甚至闻到了！视觉化的过程中运用到的感官越多，你就越能相信自己的想象，你的期待也就能越快得以实现。

再见，消极的南希

我一直都挺消极，我将之视为现实。我总是能看到故事的两个不同方面，并且总是倾向于消极的那一面，认为有些事情"太美好了，不可能实现"。

小时候，我就向往着充满冒险的生活，希望能够周游世界。我在课本上的图片中看到那些古老的山脉、充满异域风情的寺庙、美轮美奂的地标性建筑,想象着如果能亲眼看到这一切该有多妙。

后来,我上了大学,找到了一份朝九晚五的白领工作,却总是感到疲惫困顿。我想:我这一生就这样了吗?整天坐在小隔间里接电话、打电脑?工作间隙,我会来到户外,坐在长椅上,想象着自己周游世界。我心里知道,这一切总归会以某种方式变成现实,我想象着自己在异国打工,环游世界。那时候我还不知道自己的梦想能够实现。我读了《秘密》,渐渐开始练习着应用自己的所学。

后来,我辞了职。但是,几个月后,我渐渐感到灰心丧气,因为没有人会花钱雇我去周游世界。然后有一天,我的一个同样失业的朋友告诉我,她之前的同事给她提供了一个工作机会,工作内容是在不同的游轮上进行时装表演,销售高端珠宝。她话音刚落,我就知道:"这就是我梦寐以求的工作。"

一个月后,我就乘着游轮开始了环球旅行。很多人得花大价钱才能登上游轮,我却一分钱都不用花。我住在乘客们住的客舱里,与乘客们交流沟通,佩戴着昂贵的珠宝首饰——这一切都是我的工作内容！游轮停泊在港口时，我可以下船游览，因此走遍了整个南美洲、中美洲、地中海沿岸。我总算亲眼看到了曾经在课本上见过的地标性建筑或景点。我甚至还到了埃及，亲眼看到了金字塔！

我真正地相信秘密，是因为这么一件事：在前往埃及的航线上，我向宇宙祈愿，希望能获得一笔一定数额的佣金。我希望我得到的佣金是一个偶数，一个我可以记住的数字。那个数字是：5,432美元。每日每夜，我都想着那个数字，想象着拿到那张支票时的情形。在那一条航线上，我最后得到的佣金是5,400美元！打那以后，我就百分之百相信了秘密的力量。

——**安吉**，美国佛罗里达州劳德代尔堡

确保思行合一

要把事物吸引到自己的生命中，你一定要确保自己的行动不会与自己的愿望相矛盾。想想你自己的期望，确保你的行为

能够反映出自己的期望。留出空间，方便自己接收，这也是一种表达期望的有力方式。

如何卖房子

和男朋友同居后，我就把自己的公寓租出去了。房客搬走后，我决定卖掉那个小房子。过去几年，这个房子价格涨了一些，我和我的男朋友商量决定，卖掉我的这个小公寓，联名买下我们正在住的房子。

一开始，我以为房子很快就能卖出去。从年初开始我就在练习应用秘密的法则，我以为只要我心够诚，就一定能够实现愿望。然而，好几周过去了，我的公寓还是没卖出去。于是，我来到秘密的网站，想找点灵感。我找到了问题的根源——我的行为并没有反映出我的愿望。我想卖掉这个公寓，却没有做什么事情助力事态的进展！事实上，房客搬走后，我根本就没回到过那里，因为我把它看成一种负担。因此，这个公寓就真的成了我的负担。

顿悟后,我立马回到自己的公寓,悉心整理,确保它对潜在的买家有足够的吸引力。并且,我还多见了几个房产中介,确保我的公寓能收到合理的报价。

在秘密的网站上我学到了很重要的一点,那就是要想想自己对这个房子的爱,心怀感恩,然后想象一下新的房客在这里生活得开心快乐。于是,我坐在自己的公寓里,认真地感谢了每一个房间,感谢它们带给我的美好记忆,解释了自己为什么要卖掉它,并且想象了新的屋主在这里的幸福生活。

另一个有用的方法是手里握着钥匙,想象自己把钥匙递给卖家,对他说:"感谢你买了这个公寓。"如此一来,我感觉自己已经成功卖掉了它。

如此练习几周后,虽然房市低迷,但我还是收到了一些非常有竞争力的报价,以超出预期的价格卖掉了房子。卖掉房子后,我想:"真希望买家也会愿意买下房子里的家具,这样我就不用把它们搬走了。"你猜怎么着,新房主确实买下了我的家具!

现在,当时的男友已经变成了老公,我们正在卖掉我们的公寓，买一套新房子，因为我怀孕了——这一切都是我运用秘密的法则吸引来的。

——丽贝卡，英国伦敦

在下面这个故事里，乐队成员担心演出时没人捧场，但是他们用行动助力了愿望的达成。

空椅子

我是一个凯尔特风格乐队的成员。我们的乐队现在名气越来越大了，但是，那时候，我们只是无名小卒。那一次，我们要在一个非常小的镇子上搞一场慈善义演。我们会与一个可能在日后继续合作的乐队一起演出，很害怕现场会冷场。我们曾经在这里演出过，但上次总共只来了四个人。并且，我们准备义演的同一天，附近还有好几个大型活动。我们搞演出花了不少钱，我们打出了广告说这是一场为消防队筹款的义演，因此压力非常大。

演出开始前一周，我们只卖出了六张票。我不断地想到我们的演出可能只有很少几个观众，我知道我必须马上扭转这个想法。我不断祈祷,希望自己能相信我们会有观众的。我立马想到,要亲自去一次这个小镇,张贴更多的宣传海报,虽然其实其他乐队成员已经过去贴过海报了。于是,一个下着雨的早上,我开车来到了这里。我张贴了更多的海报,并且,更重要的是,我把"观众会来"的积极想法带到了这里。

演出当天,我们还是只卖出去了六张票。我们在场地里摆了96把椅子,其他乐队成员开玩笑地自嘲说,我们很可能会对着一堆空椅子演出。对此,我微笑着回应道:"这些椅子恐怕还不够坐呢。"我真的是这么相信的。

然后,演出开始前一小时,人们开始蜂拥而入。96把椅子上坐满了人,并且现场还有些人站着呢。演出非常成功,我们为消防队募集到了善款。这一切真是太神奇了!

——**凯西**,美国加利福尼亚州旧金山

当你做出实际行动准备接收宇宙的赠予时,你会感到一切都像顺流而行般流畅顺利,根本无须费力。因为你顺应了宇宙和生命的潮流。

存善念。

说善言。

行善事。

三个步骤能给你带来超乎想象的益处。

——《秘密：实践版》

财富的秘诀

- 专注于事物的欠缺,就无法吸引到任何东西。要吸引金钱,就要专注于丰足。

- 把你的所思所想从"钱不够"转换到"钱充足有余"的频道上来。

- 列出有了钱之后你想买的东西。

- 想象自己正随心所欲地花钱,告诉自己:"我负担得起。"

- 不要把赚钱作为自己的唯一目标。你的目标应该是:你想成为怎样的人,你想做些什么事情,你想拥有怎样的人生。

- 做一块愿景板,把自己的愿望贴在上面。

- 要相信丰足,你可以从宇宙银行下载一张空白支票(www.thesecret.tv/check)。

- 确保你的行动能反映出你的期望。

- 心怀感恩,才能有效吸引。

- 感恩是一种力量。接收到之前就对自己必能实现愿望表达感恩。

- 快乐带来金钱。

当你发现自己对某人产生负面情绪时,
每天花几分钟发自内心地感受对那个人的爱,
然后将这份爱传送至宇宙中。
如此一来便可帮助你消除针对此人所产生的任何厌恶、
愤怒或负面的情绪。
记住,
所有厌恶、愤怒或负面的情绪都会吸引相同的情绪,
就像爱能够吸引爱。
你对别人的全部感觉,
最终都会反馈给你自己。

——《秘密:实践版》

秘密如何改变了我们的关系

爱是你能够感受到的最高形式的、最富力量的情绪。感受到爱,你就能改变自己生命中的关系。爱的能力是无限的,爱着时,你与整个宇宙都处于一种完全的、彻底的和谐中。爱所有事物吧。爱所有人吧。只关注那些你爱的东西,感受到爱,然后你就会发现,爱与喜悦也会反馈到你自己身上——并且是加倍的!

吸引理想伴侣

要想遇到理想伴侣,就要确保你的行为能够反映出自己的期望。这是什么意思呢?它的意思是:**现在**,你就要表现得好像自己已经处在一段美好的关系中了。

单身的姑娘们看过来!

27岁时,我已经做了三年的单亲妈妈。我特别孤独,渴望身边能有一个善良、温暖的伴侣共度人生。我曾经几次遇人不淑,于是干脆放弃了对人生伴侣的寻找,不甘地困守在自己的孤独生活中。

有一天,我要去伦敦市中心的某条街道,就在寻找那条街道的过程中,我误打误撞地来到了一家婚纱店。橱窗里,模特儿穿着美丽绝伦的婚纱。我被深深地吸引了,于是鬼使神差地走了进去。工作人员一定要让我亲自穿上婚纱试试看——那件婚纱实在是太适合我了,我穿着它实在是美极了。于是,我买下了它。出了婚纱店后,我才意识到,我毫无缘由地就给自己买了一条婚纱。我没有被求婚,我没有男朋友,我已经好多年没有男朋友了。我实在是太傻了。

我继续找路,偶遇了一个和我岁数差不多的男士,他要去的地方和我是一样的,他也在找路。他长得很像男演员迈克尔·伊雷——我的偶像,我的电脑屏保就是他的照片。于是,我俩开始一起找路,故事就这么开始了。

四个月后，我们住到了一起。现在，我们结婚了。这整件事情实在是太超现实了。我们每天都生活在快乐中，他爱我，我爱他。在他的身上，有我爱的一切。我简直无法用语言表达自己的幸福快乐。

*我并不是要让所有的单身姑娘都去买婚纱。但是，所有单身的姑娘，**相信吧！***

——吉，*英国伦敦*

虽然在那时，吉对自己将**如何**遇到生命中的另一半完全没有概念，但她还是买了一条婚纱，表现得**好像**自己马上就要结婚了一样。她用自己的行动表达了自己的信念：她**即将**结婚。结果，宇宙也让她如愿以偿，让她找到了如意郎君！你该采取怎样的行动表现出你已经找到了理想伴侣？

在你的衣柜中收拾出一块空间，给你的理想伴侣放衣服？吃饭时不要摆一个人的餐桌，而是摆好两人的餐桌？睡觉时不要睡在中间，而是睡在床的一边，给你的理想伴侣留点位置？在洗手间里放上两个人的牙具？还有很多种更有创意的方式，可以帮助你向宇宙表明：你已经准备好接收理想伴侣了。

改变思想，改变人生

*面对人生中的各种问题有两种处理方式，是积极进取抑或消极面对，只有**你**能做出这关键的选择。*

——《秘密：实践版》

你可以扭转人生中所有的困难局面，你只需要改变自己的思维方式。在下面的这个故事里，塔米本来已经放弃了希望，认定在这个世道下已经没有什么真爱了。但是，在读完《秘密》并观看了电影后，她决定改变自己的思维方式，从万事万物中挖掘积极的一面。

永远不要放弃爱

2006年，在朋友的推荐下，我遇到了《秘密》。那时，我的婚姻状况非常糟糕，并且，我不相信世间还有真爱。我相

信，所有秀恩爱的人都只是在公开场合演戏，他们的真实生活一定也像我自己的生活一样悲惨。

从前，我并不是这样的。我在一个非常有爱的家庭里长大。我的父母结婚41年了，但是他们依旧会旁若无人地拥抱、亲吻。我的祖父母、外祖父母感情也非常好。但是，在我看来，他们之间的那种感情在现在这种世道下早已不复存在了。这么想很容易，比让我承认自己的婚姻出现了问题容易多了。

看过《秘密》影片后，我立马跑出去买来了《秘密》这本书。我下定决心要努力改变自己的思维方式。我从小事开始做起，每天都提醒自己要看到事物积极的一面。我重新开始写作——此前，当我的婚姻出现问题后，我就不再写作了。我写了一个爱情故事，这对我来说也是头一遭。我只是想试试看，写出自己对真爱的渴望，并希望自己在这个过程中重新相信世间还有真爱。

然后，我与我的前夫彻底分手了，我重返校园，去实现自己的毕生理想——获得教师资格。我的生活忙碌了起来，但是我感到充实而快乐。我忘掉了自己曾经写过的那本书。

差不多一年后，我遇到了一个非常棒的男人，并且爱上了他。他在美国，我在加拿大，但是随着时间的推移，我们感情日渐深厚，决定在一起。

在一起几个月后，我告诉他我曾经写过一本书。我已经很久没再看过那本书了，甚至都忘记了故事的梗概、忘记了主角的名字。但是，在他的鼓励下，我又找出了这个故事。读着读着，我渐渐意识到，故事里，我给女主角（其实也就是我自己）安排的男主角就跟我现在的爱人一模一样！我简直不敢相信这一切！我的眼中盈着泪水：我把我的爱人"写"进了自己的生命中。

故事到这里还没结束。离婚前，我还做了一块愿景板，上面贴着我对未来的愿望。愿景板上唯一与物质相关的愿望是曾在杂志上看到过的一只美丽的镶着蓝宝石和钻石的戒指。后来，我的爱人在66年前我的祖父母结婚的地方向我求婚，求婚的戒指与我愿景板上的那只戒指一模一样！

现在，我住在加利福尼亚，很快就要嫁给这个我遇到过的

最棒的男人。秘密现在还指引着我的人生,我知道,只要我相信,一切尽在我自己的掌握中。

——塔米·H., 美国加利福尼亚州富勒顿

塔米获得幸福的关键就是写了一个爱情故事。因为,在写作的过程中,她完成了创造过程的前两步:要求,相信。剩下的,她只需要在最合适的时间接收自己笔下写到过的真爱。

不论你想要的是什么,写作都是在创造过程中辅助你的好方法。如果想把理想伴侣吸引到自己的生命中,你可以写下自己的理想伴侣具体是一个怎么样的人、你们之间的关系是怎么样的。你可以写写他或她的喜好、品位、兴趣、家庭背景等等。你应该列出至少100点,描述你的理想伴侣。然后你就坐等宇宙把你的理想伴侣带到自己的生命中吧。

出其不意的真爱！

我看过两遍《秘密》影片，也读过《秘密》这本书，然后就开始在日常生活中应用秘密的法则，写下自己的渴望，心怀感恩。我做的都是对的。只是有一点我做错了，宇宙也通过其自有的方式将其向我显现。

那时候，我住在雅典，遇到了一个完美的男人。我以为他就是我生命中的那个人了。我们在一起了四个月，然后，渐渐地，他开始躲着我。一开始，我并没有多问他，因为我不想逼他逼得太紧。后来，如果整整一周时间都没有他的音信，我会问一下他，但他总是说："不要担心，这没什么。"当然，我心中有成堆成堆不好的想法，却得不到任何的答案。然后，他就彻彻底底地从我的生活中消失了。他不接我的电话，不回我的短信，就这么消失了。我还能看到他的车，所以我知道他人没事。其他人也能在各种地方看到他（并没有发现第三者）。我简直是要疯了。我感到非常愤怒。我那时都准备收拾行装回美国了。

我坚持读《秘密》，希望能从中找到答案。然后，我懂了。我确实都照着书上说的做了，但我还是错了。我是在**做**——而不是在**感受**。我只是像个乖乖女一样按部就班地完成书上说的每一个步骤。**错**。我应该用心**感受**。我应该用心感受我正在做的一切，让它成为我的一部分。认识到这一点后，我提高了标准。我下定决心，如果有人要进入我的世界，就一定要达到我的标准。就这样。我不会妥协，我不要退而求其次。

当时，我在当地一个学校教舞蹈课。课间，我和同事经常坐在台阶上休息，有些时候学生们也会加入进来。我不喜欢学生课间跟我们坐在一起，因为他们总是会打断我们的对话。因此，当其中一个学生走过来对我说："我要去买点柠檬汁，你要吗？"我只是在心里说："我不要。我想让你赶快离开这里。"

那个学生回来了，坐在我的旁边，聊起他自己的旅游经历。我没有加入对话，但是不得不说，他说的东西还挺有趣的。

后来，简单说来，两天后的那个周五，我在城市另一端的一家小舞厅玩。巧的是，他也在（一定是上帝计划好了这一切）。于是，我们一起跳舞，并且说了很多话。他约我出去，我同意了。周六，我们俩第一次约会。周日，我们就一起去参加了一个为期三天的野营短途旅游。现在，我们已经在一起六年了，我们结婚三年，有一个两岁大的女儿。这就是秘密的力量。

——埃万耶利娅·K.，希腊雅典

就像埃万耶利娅发现的那样,成功完成了创造过程的前两个步骤后,什么也无法阻碍宇宙助你实现自己的愿望。

你可以让自己过上天堂般的生活,但唯一的方法就是先改变自己的内心,在自己的内心构建一座天堂。除此之外别无他法。

你是因,人生便是果。

——《秘密:实践版》

不论一段不良的关系维持多久了,即使你无法想象这段关系可以扭转改善,这段关系也是可以变好的!你可以改变人生中的每段关系,你要做的只是改变自己对那个人的看法。寻找对方的优点,欣赏对方的优点,你们的关系就会得以改善。你——只有你——可以做到这一切。

与父亲和解

我的父母离婚时,我和父亲的关系也彻底改变了。我们本来亲密无间,后来我却对父亲满心愤怒。25年来,我一直以为我和父亲和好无望——直到后来有一天,妈妈给了我一张《秘密》DVD,我的人生彻底发生了改变。

观看《秘密》时,我哭了三次。有生以来第一次,我感觉自己的生命中充满了希望。我开始视觉化练习,想象自己和父亲关系和睦。然后,出乎我的意料,我的父亲突然邀请我去他家玩。我们在一起度过了一段难忘的时光,重新找回了父女之间的牵绊和情谊。这简直是个奇迹,从前的我根本想不到这一切会发生。现在,我和父亲亲密如初,我们的关系可好了。

我不知该如何形容秘密的伟大。是秘密扭转了无望的境遇,带给我无尽的欢乐与爱。我希望世界上所有人都能发现秘密带给我们的希望。

——**埃米**,美国阿肯色州马格诺利亚在下一个故事里，格伦达不再纠结于和母亲的不睦，转而将关注点放在母亲的闪光点上，修复了与母亲疏离的关系，获得了快乐。

致我亲爱的母亲

在我40多年的人生中，我从来没有感受过与母亲的亲昵。我十几岁时，我们经常大吵大闹。长大之后，我也从来没有和母亲亲密起来。曾几何时，我甚至断了和她的联系。

随着年岁渐长，她的眼睛越发看不清楚东西。我渐渐觉得，是时候修复一下我们母女之间的关系了。

读过《秘密》后，我写下了自己生命中所有值得感恩的事情，并且写下了母亲做过的令我心怀感恩的一切：小时候，她给我缝制漂亮的连衣裙；她为我们一家人栽种了美味的蔬菜；她悉心打理着我们的大花园；等等。写下了这些后，我被母亲过去这么多年来的付出与关爱深深打动，心中充盈着对她的感激。

然后，我在记事本里写道："我希望能和母亲建立一种快乐的、稳定的、相互信任的关系。"写下这句话后，我心中感到了一种久违的宁静，仿佛已经与母亲和解了一般。我有好多年都没跟她说过话了，但是现在我决定鼓足勇气去拜访她。

见到母亲后，我们之间的一切都变了。不再有紧张，不再有隐瞒。我向她倾诉了自己生活中遇到的难题，此前从来没有拥抱过我的母亲抱住了我，把她的关爱与支持传递给了我。此前的生命中，我从来没有感受过这般温暖的母爱。这真是我生命中值得铭记的特殊时刻。

现在，我每周都给她打电话，我们进行着愉快友好的交流。我简直无法用语言形容我们母女之间的爱。

——格伦达，新西兰

不要只关注事物不好的方面，主动去寻找并欣赏事物中隐藏的闪光点，奇迹就会发生。沉浸在爱与欣赏中，整个宇宙都仿佛在支持与帮助你，将美好的事物带到你的生命中，将美好的人带进你的生命。真的。

放下过去,继续走下去

有时候,我们很难放下头脑中的消极想法,特别是那些关乎关系的消极想法,就像下文中的萨布丽娜一样。

在宽容中得以治愈

成长过程中,我备受欺凌。我的妈妈伤害了我,还有我的弟弟妹妹。我是家中最大的孩子,一旦家里有任何一个小孩犯错,我都是最终受到惩罚的那一个。15年来,我每天都忍受着身体和心理上的暴力打击。

我13岁时,在被打的过程中,我的妈妈用膝盖压着我的背部,迫使我趴下。结果,我因此背痛了好几年。

那件事情过去两年后,我搬去和我的爸爸及其新女友一起住。有一天,我和妹妹在屋外骑马玩,结果我俩都被马踢到了半空中。一周后,我的弟弟在我坐下的瞬间拉走了我的椅子,我又狠狠地摔到了背部。我的尾骨移位了1.5厘米。

此后几年,我常去看医生,因为我总是被莫名的背部疼痛困扰着。最后,医生告诉我这可能是由于我的背部过去受过伤,并且我胸部的重量也给背部增加了很大的负担。我不想做缩胸手术,于是只能长期忍受着背部的疼痛。

读完《秘密》后,我决定原谅我的母亲,继续过好自己的生活。

有一天,我坐在沙发上冥想,冥冥之中看到我的妈妈就站在我面前。我走过去,给了她一个拥抱。我抱着她,对她说我爱她,我原谅了她,让过去就这么过去吧。我说:"我现在明白了,以你当时掌握的知识和你的过往经验,你已经尽力了。我爱你,我原谅你。"我开始哭泣,眼泪顺着我的脸颊不断地流下。我坐在那里冥想了很久,彻底原谅了我的妈妈。我当时说:"我爱你。就让住在我心里的小萨布丽娜尽情哭泣吧。"这可能是我此生经历过的最灵异同时也是最美妙的事情。

打那之后,我告诉爸爸和继母,我已经原谅了我的妈妈,决定放下过去。就在那一晚,我的背部疼痛彻底消失了,并且再也没有复发过。我原谅了我的妈妈,因此也摆脱了病痛。

——萨布丽娜,丹麦

萨布丽娜运用了视觉化和冥想的方法,关注到了她妈妈的闪光点。这不仅帮助她放下了过去情绪上的苦痛,还帮助她从身体的病痛中解脱了出来。改变你对事物的看法,一切也将随之发生改变。

付出愈多,回报愈大

给予能开启回报的大门。

给予善言善语。给予一个微笑。给予感激与爱。

> 有如此多的机会让你给予,由此你便打开了回报的大门。
> ——《秘密:实践版》

礼物

在一次出差回家的路上,我在机场和飞机上读了《秘密》。我读到其中一部分,作者鼓励读者想象一下他们正驾驶着自己心仪的车子。我努力想象着自己正驾驶着一辆捷豹,但是不知为何我的脑海中不时蹦出保时捷的标志。后来,我渐渐意识到,出现在我脑海中的,是我的丈夫一直梦想拥有的保时捷。

我在脑海中清晰地看到了这辆车的样子:我看到了车的外部和内部的颜色;看到了这辆车子不论是车内还是车外都保养得非常好;看到了汽车的零部件也都养护得当。我知道,我们买得起的是一种1997年生产的保时捷车型。这样说来,这辆车应该出厂10年了。我知道,这种年头的车子应该都磨损得挺厉害了。但是,在我的想象中,这辆车子依旧光洁如新,跑过的里程数也很少。

在这一视觉化的过程中,我还想到了一件我更迫切地想要解决的事情:我想改善与我的女婿布兰登的关系。因为他和我女儿婚礼的事情,我们的关系非常紧张,疏远了不少。我和他已经有五个多月没怎么说过话了。

我告诉自己,希望有个机会能单独见到布兰登,我不会和他讨论婚姻问题,我只想听听他的想法,告诉他我很关心他,我相信他一定能成功。

飞机着陆后,我因为读到了《秘密》这本书而备感振奋,第一时间就向我的丈夫进行了推荐。

第二天早上,我带着女儿和侄子一起去吃早饭。在餐馆里,我的女儿接到一通电话,她把电话递给我,看上去很惊讶地说:"是布兰登,他要跟你说话。"

一个月前,布兰登在一家汽车销售公司找到了一份卖汽车的工作。他说,他记得我的丈夫特德曾经说过想买一辆保时捷Boxster双座敞篷跑车。然后,他非常激动地向我描述起了当天早上他们刚刚收到的一辆不同寻常的车子。这辆车此前只有一个主人,并且这个主人特别爱惜这辆车,过去10年里每天只是开着它在附近几个街区稍微转悠一下。布兰登描述的这辆车简直与我昨晚在头脑中想象到的一模一样,他说这辆车**堪称完美**。二话不说,我立马告诉布兰登,千万别让任何人靠近这辆车,我马上就到。

到达后,我发现,这**就是**我想象中的车——颜色、状态、里程数(不到5,000英里)都完全一样!我对他说,在确定购买之前,我得让特德也看看这辆车,我保证他也会喜欢上这辆车。布兰登说没问题,然后就拿着我的驾驶证去取车钥匙了。

回来后,布兰登说车行经理提出了一个条件:在我驾车往返于车行和我丈夫餐馆的两个半小时行程中,布兰登要在车上陪着我。

我真的感到太惊讶了:不到24小时,我的两个愿望都实现了。我的丈夫找到了他梦寐以求的车子,并且,在这段路程中,我和布兰登重归于好。

在飞机上读完《秘密》后,我又买来了好几本送给我的好朋友。我们现在每天都写感恩日记。布兰登的车上就放着《秘密》的有声书。

——迪雷勒·P.,美国得克萨斯州达拉斯

快乐会吸引更多的快乐。幸福会吸引更多的幸福。安宁会吸引更多的安宁。感恩会吸引更多的感恩。友善会吸引更多的友善。爱会吸引更多的爱。

——《秘密:实践版》

良好关系的秘诀

- 改变你看待别人的方式,就能转变所有所谓的不良关系。

- 在别人身上找到令你喜爱、欣赏的闪光点,你们的关系就会得以改善。

- 就和生命中其他所有事情一样,在关系中,若想得偿所愿,你要先相信自己已经实现了心愿。

- 试着吸引或修复一段关系时,一定要确保自己的行为能反映出自己的期望。

- 想要吸引到理想的伴侣,就先想象一下对方都有哪些特点,并把它们全都写下来。

- 你对别人的感觉,也会是别人对你的感觉。

- 感受到爱,你就能改变自己生命中的关系。

- 爱所有事物吧。爱所有人吧。只关注那些你爱的东西。

- 付出愈多,回报愈大,在关系中如此,在人生中亦如此。

吸引力法则的原理在于，
它是一种强大的工具，
能召集我们体内的复原之力，
并可以与现代医学技术完美结合。

——《秘密：实践版》

秘密如何让我们变得健康

我知道,没有什么疾病是不可治愈的。在某些时刻,每一种所谓的不治之症都可以被治愈。在我的心目中,在我创造的这个世界里,"不治之症"是不存在的。《秘密》电影上映以来,我们就收到了观众们分享的大量真实故事,讲述了他们如何在运用了秘密的法则后奇迹般地康复。只要你相信,一切皆有可能。

改变思想,改善健康

医生说这是个奇迹

24岁时,我得上了一种神秘的、有生命危险的心脏病。医生说我这个病得上的概率是一百万分之一。我吃了好几种药,胸腔里也装上了除颤器。每一天我都生活在死亡的阴影里。

生病五年后，我离了婚，经历了两次失败的心脏手术，然后开始寻求答案。看过《秘密》后，我练习着运用秘密的法则，开始了一段精神之旅。我发现了自己究竟为何会得上这种病。这花了我几年的时间，但是最后，我重新找到了生命的意义与乐趣。对于这个病，我决定放手不管。

我告诉自己："有一天起床后，你会发现你再也不用吃药了。"大概过了六个月，一天早上起床后，我穿上运动鞋，来到农贸市场。都快走到那儿时，我才发现我早上忘记吃心脏病药了。在我的脑海中，一个声音告诉我："就是今天！从今天起，你再也不用吃药了。"

打那以后，我就再也没有吃过药。并且，六个月前，我还摘除了胸中的除颤器。

一开始，医生并不想拿掉除颤器，因为没有什么医疗数据可以证明我的病情好转到了什么程度。但是，他们也找不出任何证据证明我还有心脏病。他们说这是一个奇迹,除我之外,还没有任何其他类似病例顺利康复的相关记录。

——奈特·A.,美国科罗拉多州科罗拉多斯普林斯

当然,要停药或者停止某种治疗时,我们都要先咨询医生。但是,上文中的故事告诉我们,把吸引力法则的力量和传统的医学治疗结合起来,能够创造奇迹。

信仰是一种附着强烈感情的不断重复的思想,信仰是一种力量。信仰意味着,当你下定决心后就坚定不移,关上门、丢掉钥匙、切断自己的后路,不再给自己任何妥协的机会。

如果你有了消极的想法,就再好好想想吧。想要改善健康状况,就要改变自己的想法;改变自己的想法,从来都不会太晚。

心脏的奇迹

有一天,我接到一个陌生人的电话,告诉我我可能患有某种遗传性疾病。在电话中,我得知了我爸爸猝死的原因。他去世时才53岁,死于由一种罕见的遗传性疾病"马凡综合征"导致的主动脉动脉瘤。后来,我来到位于贝弗利山庄的雪松-西奈医疗中心接受了心脏检查,发现自己也患有马凡综合征。

马凡综合征是一种遗传性疾病,至今无药可医。它常常引发主动脉动脉瘤,从而导致患者死亡。很多患者年纪轻轻就去世了,其中很多人二十几岁就病发身亡。那一年,我28岁。

我感到非常崩溃。我患有一度心脏传导阻滞,并且心脏有杂音。心脏传导阻滞发展到二度时,我就要装心脏起搏器了。不过,我最担心的还是主动脉瓣以及可能发生的血管破裂。我没法生孩子。此前,我在竞技体育方面一直非常活跃,我打排球,参加游泳队,在大学里打网球。并且,我特别注意营养和健康。所以,拿到检查结果后,我真的很害怕。我一直以为自己很强壮、很积极,但是没想到现在的我那么虚弱、无力,就像胸腔里放着一颗定时炸弹一样。我力图保持往常一般的乐观心态，但是，在内心深处我知道，我体内的疾病随时都有可能暴发，死亡不可避免。

此后很多年里，我都生活在对疾病和死亡的恐惧之中，每年接受两次心脏检查。直到后来，我遇到了《秘密》。书中那个从飞机事故中顽强康复的男人的故事令我深受震撼。我当即下定决心，我要治好自己的心脏。我对此深信不疑，我知道一切皆有可能。

我马上抛掉了所有对自己身体的消极想法，完全不去想它们了。每晚睡前，我躺在床上，把右手放在心口处，进行视觉化练习，想象自己有一颗强有力的心脏。我在脑海中想象，自己的心脏正在强有力地跳动，看上去、听上去都非常健康。每天早上醒来后，我都会说："感谢你，我健康强壮的心脏。"我想象着医生对我说，我痊愈了。关于这些，我没有告诉过其他任何人，因为我怕自己会受到他们负面想法的影响。我把例行的心脏检查往后推了大约四个月，给自己充分的时间自愈。

我带着此前做过的心电图、超声心动图等所有病历材料去医院进行了心脏检查。接受检查时，我很紧张，同时也很兴奋,竭力控制着自己的心情,努力让自己冷静下来。

医生拿到检查结果时非常吃惊,目瞪口呆。一度心脏传导阻滞**没有了**。心脏杂音**没有了**。主动脉瓣**没有**扩张。医生一遍又一遍地比对着之前的检查结果和最新的检查结果。最新结果显示,我的心脏非常健康,根本没有马凡综合征的症状!对此,医生不知该做何解释。我高兴坏了,但是与此同时,说实话,我对这一结果并不感到惊讶。这一切都和我视觉化的一模一样。我快乐地跑出了医生办公室,一路轻快地跑到了停车场,跑上了车。我感觉自己此生从未像现在这么强壮,这么有活力。

我给我的妈妈打了个电话,之前我给她也买了一本《秘密》。我告诉她我如何勤加练习,运用秘密的力量让自己的心脏健康、强壮、正常起来。我从来没有听过她如此放声大哭!

——劳伦·T., 美国加利福尼亚州拉古纳比奇

还是让医生操心你的病吧,你只要关心健康就好。

要多思考健康。要多讨论健康。并且想象自己身强体壮的美好画面。

——《秘密：实践版》

一次一个小小的积极想法

一切的压力都源于消极的想法。一个消极想法控制不住，更多的消极想法就会涌上心头，然后压力就会显现出来。压力是结果，消极思维是根源，而一切都源于一个小小的消极想法。不论此前情况怎样，你都可以改变现状……你只需要一个小小的积极想法。

美好的治愈

自从听了《秘密》CD，我的生活中发生了很多好事。其中，最棒的一件事就是：我总算摆脱了困扰我多年的溃疡性结肠炎。

我出生在一个基督新教五旬节教派家庭里，从小就很焦虑，害怕地狱，害怕耶稣基督的再现。其实，在我的心底，我

对教会有深深的质疑。如果真的像《圣经》宣扬的一样，神爱世人，那么为什么我的心中充满了恐惧？我什么都怕。

我的爸爸就患有溃疡性结肠炎。我的妈妈曾经对我说，如果我总是对一切有的没的事情都满心忧虑，那么我也会得上溃疡性结肠炎。结果，23岁时，我确实也得上了溃疡性结肠炎。

此后的几年里，我不再有梦想，不再唱歌，沉迷于酒精，满足于一段"还过得去"的感情。就在那段时间里，我的溃疡性结肠炎也变得越发严重。

后来，我离开了那个"还过得去"的男人，遇到了自己的真命天子。但我的肠道还是会经常痉挛，每天都在流血。我做着一份全职的工作，一个人养育着一个女儿和一个正处在青春叛逆期的儿子。新开始的美好恋情赋予了我力量，让我可以忍受这一切的苦楚。可我的身体还是非常疲惫、虚弱。

后来，我丢掉了工作，在当时刚与我结婚的丈夫的关爱与支持下，开始着力修复自己的过去、修复自己的身体。我每天都在失血，所以贫血严重，并且总是感到很疲惫。精神上，我也一蹶不振。我咨询了一个专家，专家说我每天都得服用大量的消炎药，并且要定期进行灌肠治疗。当时的我忧郁、沮丧，也没有其他任何办法，只能大量吃药。

一年多过去了，我还是每天都会流血。在生活的方方面面中，我其实都过得非常幸福、美满，但不论是身体上还是精神上，我总是处于一种莫名的恐慌中。经过了一番心理挣扎，我给自己买了一本《秘密》。才读了五分钟，喜悦的泪水就涌上了我的眼眶：我心底的信念都在这本书中得以证实。这真的是太棒了。

从那一天起，我的生活彻底发生了改变。结肠炎的症状立马减轻了。我在网上找了一些健康肠道的照片，想象着这就是我的肠道。我不停地为自己身体的疗愈而感恩，赞美我自己的身体。我想象着水能够对我的身体起到治愈作用。我想，我们的身体大部分是由水组成的，多喝水肯定对健康有好处，水能够冲刷掉所有的不良细菌。因此，我大量喝水，并且心怀感恩。（直到后来，在听了《力量》有声书后，我才知道在积极环境中，水的结构、能量层次都会相应地发生改变。）

我每天都听《秘密》。我的身体在修复，自我感觉越来越好，但是身体状况还没有达到我自己的预期。

精神上，我还在纠结，还在努力想要放下过去，努力处理与我爱的人们之间的争执和对抗。我很焦虑，苦于自己无法做到"沉着冷静"。我对自己要求很严格。我掌握了所有的工具和方法，正在获得我想要的一切。但是，为什么我在健康方面达不到完美的程度呢？我知道我其实已经很健康了，但还是欠缺了一点什么。

此后六个月，我每天都听《秘密》、读《秘密》，想要掌握精神成长、治愈、感恩的秘诀。后来，我又买了一本《力量》，最终发现了我一直以来欠缺的究竟是什么。我忘记了，超越一切的、最重要的，是爱。我马上让自己热爱一切，不论大事小事。两天后，我的结肠炎症状彻底消失了。

现在，每天起床后，我会先感受爱。我在脑海中想象自己的家人与朋友，心中充满爱。我想象着他们每个人都快乐、成功。宇宙也给了我回馈：一切的争执与抵抗都消失了，我周围的人都变得更加快乐。我所做的，只是想象然后感受到爱而已。这很容易就能做到。现在，我让自己对所有事物都充满爱！我对所有事物、所有人都充满爱。

我最大的收获是在自己过去的经历中找到了爱。如果过去的某段回忆让我感到难受，我就会在过去的那段时间里挖掘一个我所爱的点，让我自己感受到爱。然后，那段回忆就不会再困扰我了。

现在，我生活的方方面面都好了起来。秘密帮助我找到了全新的思维模式，开启了全新的精彩人生。在我生日那天，也是我第一次听完《秘密》两年半后，半年一次的例行检查结果显示，困扰我多年的溃疡性结肠炎彻底消失了。我的肠道里现在只剩一点疤痕组织。那一刻，我最健康，我最快乐！

——杰茜卡·T.，加拿大不列颠哥伦比亚省温哥华

处于压力之下的你是无法得到自己想要的东西的。你必须把压力或任何紧张感从自身系统中清除。

压力是一种强烈的信号，它代表了你**不**想要的东西。压力或紧张都是缺乏信念的表现，因此消除压力的唯一途径就是增强信念！

——《秘密：实践版》

秘密拓展了我人生的疆域

成年以来，我就深受广场恐惧症、焦虑症、恐慌症的困扰，从来没有走出过自己的舒适区。读完《秘密》后，我渐渐尝试着对所有事情都抱有一种更积极的态度。

我每天都会给予自己积极的肯定。我不再说我不能做什么，我只会说我能做什么。

最后，出生33年来从来没有坐过飞机也没有出过国的我带着我的两个儿子（一个9岁，一个12岁）来到了巴厘岛，开开心心地玩了两周。

从前，我连城里的购物中心都不敢去。现在，我都能世界各地到处旅游了。这都要感谢秘密！

——卡伦·C.，澳大利亚悉尼

就像卡伦在自己的故事里分享的那样，肯定是一种力量，能帮助你克服恐惧与焦虑，甚至克服恐慌症。

自我肯定是否有效，完全取决于你对它的信任程度。如果你根本不相信，那么自我肯定的话语只是毫无力量的语言罢了。信念能为你的自我肯定注入力量。

——《秘密：实践版》

感觉好才是最重要的

健康意味着身与心**都**健康。如果你的脑袋里满是消极的想法或不良的信念，你不可能快乐或健康。思想健康了，身体才能健康。

要让自己的思想健康其实并不难，别去相信那些消极的想法就好了。不论你的生活里发生了什么，多想想美、爱、感恩、快乐等积极的事物，它们是助你健康的灵丹妙药。

警钟

我一向注重养生。40年来,我经常冥想,注意锻炼,只吃"对的"食物,每天睡足八小时。因此,60岁生日前,当我被检查出患有乳腺癌时,我和我的医生都非常吃惊。

那之后的几天里,我时常陷入恐慌。然后,由于某种机缘巧合,我在报纸上看到了一篇讲《秘密》的文章。于是,我买来了《秘密》的有声书CD,开车时、睡觉前、遛狗时,我都在听。我意识到,一直以来,我和我的丈夫只知道工作,不会享受生活——这并不是什么值得我们骄傲的事情。于是,为了更好地平衡工作和生活,我们俩好好地坐了下来,重新思考在我们生活中究竟什么才是最重要的。

此后,我把朋友们好心送我的关于癌症的书都还了回去,并且不再在医疗网站上检索信息。我不能再把自己当病人了。每天散步时,我都会大声地说:"我很健康,活力四射!谢谢,谢谢,谢谢!"洗澡时,我会想象我全身的所有细胞都在和谐共处,我全身的各个系统都运转良好,我全身的所有组织都很健康。我感谢一切,我整天都在感谢——从早上起床到晚上睡觉,我不断重复着告诉自己我有多健康。

我知道，自我疗愈需要大约六周的时间。医院方面本来说他们会在几天后打电话通知我手术的时间，但是我用秘密给自己争取到了更多的时间。我不断地说："我有很多时间自我疗愈。"宇宙也听到了我的请求！没人给我打电话，五周半后，还是我主动给医院打了电话。你相信吗，医院里竟然有人搞丢了我的材料！

但是，到那时，我已经摸不到胸部的肿块了！

手术后，医生告诉我的丈夫，这场手术她做得很艰难，因为她找不到肿瘤了，只能不停地把多余组织的切片拿去做病理检查，以确保自己找对了地方！**没人**能解释为什么我的肿瘤缩水了这么多。但是我能！

现在，我每分每秒都充分享受着人生。虽然我不想再经历一遍类似的情况，但是我很高兴，通过这段经历，我认识到了思想的力量，认识到了在生活中我们还能做出很多不同的选择。

——卡萝尔·S.，美国纽约州锡拉丘兹

就像这个故事里卡萝尔发现的那样，精神力量带来的自愈可以与现代医疗互相配合。接受检查或治疗时，你可以想象一个好结果，然后感觉到自己已经接收到了这样的好结果。卡萝尔接受手术时，她已经利用秘密的力量建立起了强大的信念，相信自己一定会有好结果——宇宙也带给了她一个好结果。

人之所以会生病，是因为压力和消极想法在一定时期内对我们的身体产生了影响。我们可以用两种不同的方法改变自己的消极思想。我们可以用积极的想法和对自我的肯定武装好自己，让消极想法无法同时立足，或者我们可以不认同、不理会消极的想法。当我们一点都不在意那些消极想法时，它们也就丧失了活力，即刻消解溃散。这两种方法都很管用，其共同点在于：完全不要去关注那些你不想要的。说到底，这不就是秘密吗？

在下面这个故事里，蒂娜知道，要吸引来健康，她就必须抛掉消极的想法。

我变得无比强大

32岁时，我刚刚离婚不久，就提前绝经了。我至今还记

得，医生在安慰我时自己咕哝了一句："这是我见过的最年轻的病例。"我哭了好几天，好几周，好几个月。我知道，自己当不了妈妈了。我感到很崩溃。没有任何词句能够表达我当时的痛苦，没有任何语言能说出我这一路走来的辛酸。这病没法治，医生也束手无策。相信我，我走遍世界各地，试图找到病因，试图寻到一种有效的治疗方法，试图找回我那曾经规律、正常的月经周期。我喝过中药，做过针灸，吃过避孕药，接受过激素疗法。所有的方法我都试过了。

但事实上，在内心深处，我对于自己会出现这种身体状况并不感到惊讶。一直以来我都是一个特别消极悲观的人。在确诊之前，我就听说过有些女性30岁出头就绝经了。那个时候我就特别担心，害怕自己也会这样。秘密黄金法则：怕什么，来什么。

五年来，我试了很多治疗方法，换了很多医生，受了很多苦。由于我的身体正在快速老化，我还得上了高血压，并且身体严重缺钙。只要走路稍微多一点点，我的膝盖就会非常疼。我还开始吃降血压的药了。我才36岁，但是我感觉自己足足有63岁。那时候，早上起床后我经常会想，也许我会在很年轻时就死了。我每天都很抑郁。我又结了婚，对于我情绪上的起起落落，我的丈夫非常耐心。他鼓励我多出门，多运动，健康饮食。后来，我决定停止服用激素，让自己的身体稍微缓缓。

停用激素后的一天里，我走进了一家书店，看到了《力量》这本书。我之前读过《秘密》，但是读完后我告诉自己，这是没有用的，因为我实在是太消极悲观了。但是那一天，不知为何，在我的心里有一个声音告诉我，这本书可能是我唯一的希望，是我唯一的解药。如果所有的治疗都不管用，那么也许我应该换一种方法，自己做医生，拯救自己。

我读了这本书，马上被深深吸引。我买来有声书，每天都听——在地铁上听，买东西时听，在街上走着的时候听，晚上睡不着觉时听。我经常听得热泪盈眶：我可以做任何事，我可以得到自己想要的任何东西。

然后，我开始练习着进行积极思考和想象。我想象着自己有着强有力的血管。我想象着自己不用吃药血压也很正常。我想象着自己轻快跑步，膝盖不疼。我想象着自己月经正常。有

秘密如何让我们变得健康

生以来第一次,我的心中每时每刻都充满了爱。我不再因为小事而郁闷。我的身边有爱我的人,我住在我喜欢的地方,我为此而感到幸运、快乐。

三个月后,我什么药都不吃了。又过了几个月,我什么药都没吃,但是血压正常了。我的膝盖不疼了,并且,最令人难以置信的是,我的月经正常了。

我非常感谢《秘密》的团队成员,感谢你们给我力量,助我克服人生中的困难。你们让我相信,我是强壮的,我能够拥有我所希望得到的一切,我是无比强大的。

——蒂娜,中国香港

要改善健康状况,你只需要转变自己的思想,这是不是很棒?让自己的心中充满积极的想法。让快乐健康的积极画面充满你的头脑和身体。感觉好起来吧,开心起来吧,把你的关注点转向这些美好的感受。

接收生命的礼物

我们收到了很多女读者、女观众的来信,在信中,她们分享了自己如何在之前已经放弃了生孩子的希望,但是读过《秘密》后,她们践行了秘密的法则,最终怀上了宝宝。我相信,她们的这些故事说明了:没有什么事情是"毫无希望"的,运用秘密的法则,你可以在任何不利情境中创造出好结果。

收获一个可爱的女宝宝

我嫁给了我最爱的男人,我们的故事就此开启。结婚后,我们首要的任务就是先安家,然后生个宝宝。

我们努力造人,但是,事与愿违,我始终怀不上孕。后来,我们去看医生,医生让我们做了一堆检查。我们做了很多检查,也做了很多治疗,但就是找不到我无法怀孕的原因。

我们的父母、亲戚、邻居、朋友都关心着我肚子里的动静。但是,一切毫无进展。我结了婚的朋友们陆续生下了自己的宝宝，每次听到类似的消息，我都热泪盈眶，在心里祈祷着自己的小天使能快点降临。我很郁闷，也很焦躁。

后来有一天，我的医生说，如果年底还没怀孕的话，我就得接受试管授精了。这真是个坏消息。试管婴儿价格高昂，而且也不一定能够保证一举成功。那个时候，我的一个朋友推荐我去找个占卜师咨询一下，她觉得没准占卜师能帮我。

于是，我和我的丈夫预约了一个占卜师，那一次与占卜师会面的经历改变了我的一生。我们跟占卜师诉说了当下面临的问题。占卜师问我是否看过《秘密》。我看过。事实上，我好几年前就看过了。占卜师说："既然你已经看过了《秘密》，知道秘密是怎么一回事了，那么你还来找我干吗呢？你可以自行解决问题。"后来，他指导了我们，教我们如何运用秘密的法则。也就是在那一天，我在心中暗暗起誓，我要自然怀孕。

打那以后，我和我的丈夫就把秘密融入了日常生活。

首先我买来了《秘密》这本书，仔细阅读了一遍。读完后，每看到一个孕妇，我都会感谢上帝让我遇到她。我开始给我的女儿买衣服。我收集了很多小孩成长过程的照片，把它们存在手机里。我开始使用儿童香皂。我在橱子里给宝宝的衣服预留好了空间。每一天，我和我的丈夫都会感谢上帝，感谢上帝赐给我们一个可爱的小天使。亲友们再问起我有没有怀孕时，我会笑着对他们说："这就快了。"我这么做，就仿佛我们的小天使真的已经降临了一样。

践行秘密法则九个月后，我在家验孕，发现自己真的怀孕了。没有任何医疗干预，我自然怀孕了。

喜悦的泪水顺着我的脸颊流下！我太高兴了。我能自然怀孕，我的丈夫也非常高兴。我的整个孕期都非常顺利，九个月后，我们收获了一个健康可爱的女宝宝。很多人跟我说过，没准我会生一个男孩，但是，怀孕前我就知道了，我会生一个女宝宝。

如果你也难以怀孕的话，听我一句话，千万别失去信心，一定要保持积极心态。向宇宙提出你的要求，相信你已经梦想成真了，然后，你就真的能够得偿所愿！

——萨米塔·P.，印度孟买

萨米塔看到孕妇就心怀感恩,她在怀孕这个问题上自我感觉非常良好——尽管她自己还没怀孕。不论你对什么心怀感恩——不论你对什么自我感觉良好,你都能把它吸引到自己的生命中来。

感恩,感谢宇宙让自己怀了一个**女宝宝**之余,萨米塔在自己的日常生活中没有忘记其他两个非常重要的步骤:每看到一个怀孕的妇女,她都会感谢上帝;并且,她在自己的衣柜里清理出了空间,开始给自己的宝宝买衣服。

清理衣柜、为宝宝买衣服,这些举动帮助她相信,她会有一个宝宝,而且宝宝**现在**就在来的路上了!宇宙憎恶真空的空间,必将立马填补上这真空。在萨米塔的故事中,这一切真的发生了。

*人生中最快出现的事物就是你最**深信**不疑的。只有**相信**才能带来一切,所以你必须拥有**信念**才能收获你想要的一切。*

——《秘密:实践版》

在下一个故事里，安德烈娅利用视觉化的力量，实现了**两个怀孕的愿望**。

愿景的力量

2003年夏天里的一天，我正在休假，坐在金色的沙滩上，悠闲地晒着太阳。就在那一天，我的妈妈告诉我，她怀上了第六个孩子。我们都很爱孩子，非常高兴家里马上会有一个新的生命。那时候，我最小的弟弟已经11岁了。

然而，三个月后，妈妈接受第一次孕检时，我们的天塌下来了：腹中的婴儿没有心跳，她流产了。我们都很难过。

2004年圣诞节前后，美梦和噩梦又一次上演：我妈妈又怀孕了，但是四个月后又流产了。医生说，我妈妈42岁了，年纪太大了，卵子已经不再那么强壮。我们放弃了希望，接受了现实：家里不会再有孩子了。

此后两年，我和妈妈都在心中渴望着新生命的到来。然后，《秘密》来到了我们的生命里。一开始，我对书中的内容

还有点怀疑。后来，妈妈让我看了DVD。才看了五分钟，我就被深深地吸引住了——我头脑中的某个东西被点亮了。此后几周里，我都止不住地微笑。

几周后，我开始视觉化练习。我找出小时候的一个娃娃，每晚睡觉前，我都会抱它10分钟、15分钟，想象我怀里抱着的是我的弟弟或妹妹，想象着能感受到小宝宝的心跳和婴儿特有的温热。我还在日历上写下，2007年8月14日，我17岁生日那天，我能抱上我真正的弟弟或妹妹。我当时还不知道，我妈妈也在她的日历上写下，2007年9月，我爸爸50岁生日那天，她能生下第六个孩子。

视觉化练习几个月后，我的梦想就成真了，我抱上了妹妹。我感受着她的心跳，把她温热的脸庞贴在我的脸颊上。我的小妹妹实在是太美了，各方面都完美无缺，超乎我们所有人的想象。她简直就是信念、希望、爱的化身，她就是生命的奇迹。

我生命中的另一个故事更是证明了秘密的巨大魔力。20岁时，我被查出在生育方面有点问题。我当时正忙着搞我自己的事业——受《秘密》的启发，我18岁时创业了。得知这一噩耗后，我崩溃了：我一直渴望成为一个母亲。我专心于自己的工作，但是几年后，更多的迹象显现了出来，我的身体查出了更多问题。我必须采取行动了！于是，我开始探索不同的疗法、机会，并且一直心怀感激，感激自己能有机会教育、关爱那么多可爱的孩子。我相信自己一定会找到正确的路径。我开始视觉化练习，想象自己怀孕了，生了一个小宝宝（我自己的宝宝，不用再在一天结束后把他/她送交到别人的手上）。我的这条路可能少有人走，可能有点与众不同，但是我相信，我会成功的。

我决定接受生育治疗，开始备孕。这条路很难走。我遇到了很多挫折、难题、烦心事，但是在心底我深知，道路的尽头是光明。我保持积极心态，但是在视觉化的过程中，我遇到了一件奇怪的事情。我努力想象自己未来会有一个孩子，却无论如何都做不到。我总是看到两个孩子。并且，不论我走到哪里，我都会看到双胞胎。视觉化时，我看到的也是双胞胎。我试着忽略它，但是双胞胎的画面一直盘踞在我的脑海中，所以后来我索性想象自己生了一对双胞胎。我在愿景板上贴了一张双胞胎的照片，继续努力朝着梦想走下去。我的第二轮治疗获得了成功，我怀孕了，我高兴死了。并且，最棒的是，怀孕八周孕检时，我得知**我怀了一对双胞胎！**

*我简直不敢相信这一切，过去几个月里我想象的一切都在我的眼皮底下实现了。我要成为母亲了，我要成为一对双胞胎的母亲了。现在，和我的双胞胎儿子在一起的每时每刻，我都心怀感恩与爱。感谢这一切，它让我真正地理解了：**你所相信的，就一定能实现**。*

——安德烈娅，爱尔兰

视觉化之所以拥有这么强大的力量，是因为当你在脑海中构筑自己"已然拥有"的画面时，你也产生了"已然拥有"的想法和感觉。你向宇宙释放出了强烈的信号，吸引力法则接收到了你的信号，把你在脑海中所见的画面转换成现实事物送入你的生命。

为什么我们的精神会有改变物质世界的强大力量？古代文明告诉我们，我们能在物质世界里感知所有东西——对，所有东西——都因为我们有精神。因此，精神可以改变一切。

治愈你的孩子

有时候,生命会抛给我们一些真正的难题。对父母们来说,最难过的莫过于自己的孩子出现健康问题。下面的这些故事里,父母们利用秘密的智慧治愈自己的孩子,治愈自己。

死而复生

几年前,一个朋友送了我一本《秘密》。我一直把它放在书架上,想着哪一天我一定要读一下这本书。有一天,我总算开始读了,但是没读多久就被三个孩子中的一个分散了精力。那天晚上上网时,我又偶遇了《秘密》。此后几天里,我一口气读完了《秘密》,和我的丈夫一起看了《秘密》DVD,然后写起了感恩日记。我整个人都变了。之前,我总是会想:"这不可能发生在我身上。"现在,我总是想:"这些都会是我的。"

两周后,我的丈夫去中国出差了。当时,我最小的儿子利亚姆才出生七周,他早产了,患有新生儿肺炎,身体一直不大好。两天后,利亚姆整夜睡不着觉,脸色也非常差。于是，我赶紧带他来到了医院。到医院时，他已经停止了呼吸。情况非常糟糕，腰椎穿刺检查显示，他得了细菌性脑膜炎。

此后的几小时里，利亚姆的呼吸停止了四次，经多次抢救才活了过来。那时，医生说，他的情况非常严重，我应该把我的丈夫叫回来了。

那时，一切都乱套了，照一般的情况来讲，我早就该紧张得歇斯底里了。但是，整个过程里，我都很冷静，我相信很快我的儿子就能康复回家。第一晚，我和我的妈妈坐在医院里，等着我的丈夫回来。那时，我列出了所有自己感恩的事情：

我很感恩，我当机立断，很快就到了医院。

我很感恩，这么多优秀的医护人员正照顾着我的儿子。

我很感恩，在我的丈夫从中国赶回来的15小时航程中，朋友们无私地给予我宝贵的支持与帮助。

那时，我一点坏的事情都没想，只去想那些积极的东西，这让我也强大了起来。事实上，就在我的内心越来越强大的同时，我儿子的健康状况也在不断改善。我每天都在社交网站Facebook上发帖子，我不会说利亚姆的身体情况有多糟——我只说每天发生的好事以及心中的感恩。每个帖子后,我都会加上"秘密"两个字。

最后,利亚姆总算康复回家了。医护人员告诉我,看到利亚姆能恢复得这么好,他们都很震惊。本来,他们都以为利亚姆撑不过第一晚。并且,看到我自始至终都如此镇定,他们也感到很惊奇。其中一个医生问我:"你一直拿着的那本书是《圣经》吗?"我告诉了他我为什么会这么冷静,告诉了他我心中的信念,并且,我告诉了他:那本我一直拿着的、被翻烂了的、封皮都没了的书是《秘密》。

我现在还在练习。一般说来,我每天晚上睡觉前都会在手机记事本中写下自己的感恩。我感谢过去的每一天,并期待着每一个明天。此外,我也会写感恩日记。

我的妈妈曾经对我说:"贝姬,你想要的是童话,童话都是假的,童话是实现不了的。"我假装相信她。但是每晚躺在床上,入睡前,我都会想想还有什么好事会发生在我的生命中。我所要求的,大部分都接收到了。我曾经也遭遇过艰难的时刻,但是读过《秘密》后我才明白,一切好的坏的都是我自己吸引来的。

现在的我是崭新的我,我幸福、满足,我无所不能,因为困难挫折都已经过去了。

——丽贝卡·D.,英国伯明翰

感恩、信念、坚定不移的乐观态度是丽贝卡治愈自己儿子的秘诀。利亚姆情况最糟糕时,她依旧不忘感恩。

人们常说,要细数恩典。想想那些令你心怀感恩的事物,这其实就是在细数恩典。感恩有种最强大的力量,它能改变你的整个人生!

想体会深切的感激之情,需要静静地坐下,列举出自己感恩的事物。持续书写这一列表直到你泪如泉涌。当泪水夺眶而出,你的内心就会体验到最美好的感受。这种感受是真正的感恩。

——《秘密:实践版》

妊娠并发症也有圆满结局

2013年1月,我怀孕了。我已经有了一个美丽的女儿,我和我的丈夫都迫不及待地希望能有个新宝宝。

怀孕期间,一切都很顺利。12周孕检时,胎儿一切正常。但是,20周孕检时,一切都变了。超声检查显示,胎儿的头上有一个很大的肿块。从医生的面部表情中,我可以看出来,这不是什么好消息。不到24小时,我就去找专家进行了诊断。

我又做了一遍孕检,医生告诉我,胎儿头上的肿块是一个充满液体的囊肿,很可能会压迫胎儿的脑部,导致严重的残疾。我已经能感到宝宝在我的肚子中移动了,她已经开始踢我了。我从来没有想象过我会面临这样的问题。医生告诉我,宝宝一定会有某种残疾,但是在当下这个阶段,他没有办法判断这种残疾会有多严重。孩子可能生来就聋哑或失明。只有随着时间的推移,医生才能判断宝宝的脑部到底受到了多大程度的影响。医生说我可以当即终止妊娠，而且很多人遇到相同的问题时都选择了终止妊娠，因为他们无法应对这种煎熬。

但是，在那个时候，我的孩子没有错啊，她的脑部是健康的啊。我哭了一场，最终决定应用《秘密》教我的东西，力保宝宝健康降生。我告诉医生，我要保住这个孩子。

从医院出来后，我和丈夫走在街上，突然一张明信片从空中飘落，正好落到我的脚下。冥冥中有种力量让我捡起了它：这是一张白色的卡片，上面是几个黑色的大字——"拒绝流产"。我惊呆了，我把这看作一种预兆：保住孩子的决定是正确的。

我回到家里。孕期后段，我决定要进行视觉化训练，想象孩子正在我的腹中健康成长。在我的想象中，一片金属包裹住了宝宝的脑部，这样囊肿就不会压迫到她的大脑了。我想象着自己生下了一个健康的宝宝。我期待每一次产检，因为我知道每一次医生都会告诉我：宝宝是健康的。我想象着宝宝和她的姐姐一起玩耍。我每天都心怀感恩，为孩子的健康心存感激。

我继续接受产检，每一次，我都很高兴地发现（医生们都会很吃惊地发现）：我的宝宝很健康。怀孕**37周**，最后一次检查时，医生告诉我，宝宝头上的囊肿没有长大，因此并没有压迫到宝宝的脑部；我会生下一个健康的孩子。医生还说，他从来没有遇到过类似的情况。

我们美丽的女儿斯卡莉特·埃米，于2013年10月2日星期三出生了。她完美无瑕！她是个**健康、漂亮**的女婴！所有给我产检过的医生都来看望她，他们都很惊讶，她的脑部竟然完全没受到影响。

之前会诊时，医生告诉我，宝宝一定会有残疾，只不过他们不确定宝宝的残疾会有多严重。但是事实证明，医生错了。我毫不怀疑，我的积极心态不仅给了我自己力量，让我继续孕育生命；也给了宝宝力量，让她健康成长，不受并发症的影响。

五个月时,斯卡莉特接受了一个小手术,处理掉了头上的囊肿。此后,她继续健康快乐地成长着。

感谢秘密赐予她健康,赐予我力量。每次看着自己美丽健康的女儿,我都不敢相信这一切。奇迹确实会发生!

——埃米莉,英国伦敦

下面的故事里,弗兰奇的儿子凯尔是个早产儿,心脏上有个洞。信念让他活了下来。

凯尔的心脏

我的儿子凯尔早产了九周。出生时,他那么小,但是那么强壮。在产房里,医生告诉我,也许凯尔还不会哭,因为他的肺可能还没长好。但是几分钟后,我就听到了一声啼哭。我问:"这是什么声音?"护士说:"这是你的儿子。"我的丈夫告诉我,过了没一会儿,他在产房外也听到了凯尔的哭声。

因为早产,凯尔出生后身体状况很不好,但是每一天,我都被他的力量和精神震撼着,出生五周后,他就出院了。医生

说这是个奇迹!

但不幸的是,他的心脏上还有个洞,得在两岁时做个手术。医生告诉我们,心脏上这么大的洞是没有办法自然愈合的,我的儿子得做一个开胸手术。

我的姨妈让我每天想象凯尔的心脏在自然愈合,她让我每天都说:"凯尔的心脏是健康的!凯尔的心脏是健康的!"我这么去做了。每天,我都在对此进行视觉化;每天,我都重复地说着这句咒语。

我们带凯尔去做了术前检查。医生给凯尔做了几项检查,心电图、超声检查等,发现凯尔心脏上的洞愈合了一大半。于是,手术推迟到了六个月后,并且,很可能凯尔不需要做开胸手术了。我继续想象,我的儿子有一颗健康的心脏。六个月后,他心脏上的洞又愈合了很多。

于是,医生又说:"我们再等等看吧。"我们又等了一段时间,凯尔继续茁壮成长。此前,他在房间里走点路都会气喘吁吁,但是现在,他能快速跑动,不会上气不接下气了。我继续视觉化,继续坚信着。

最后一次检查做完常规项后,医生高兴地跑回来,激动地说:"我再也不用见到他了。他心脏上的洞已经愈合了。"他给我看了X光检查的结果,确实,洞没有了。医生说,这是个巨大的奇迹。他从来没有看到过,心脏上这么大的洞能在这么短的时间里自己愈合。

因为秘密的力量,我的儿子重获新生了。

——弗兰奇·K., 美国宾夕法尼亚州多伊尔斯敦

你可能会好奇,一个人如何能在遭遇健康危机的艰难时刻仍保持不移的信念。就像上面这些故事所说的,人类精神的力量是强大的,能克服一切困境。

治愈宠物

秘密能治愈我们,治愈我们的孩子,也能治愈我们的宠

物。宠物能接收到我们积极的想法和感觉。

巨型肿瘤不见了!

我心爱的德国牧羊犬10岁时,兽医发现它的肝脏上长了一个巨大的肿瘤——差不多有葡萄柚那么大。当时,我刚离婚,正要搬家,所以决定无论如何不能让自己陷入恐慌模式。那时候,我还不知道《秘密》,我没有努力治愈我的狗狗,我只是不去理会它的肿瘤。

我花了几个月的时间找到了新房子,安顿了下来。然后,我找了一个兽医,带着我的德国牧羊犬去做了检查。我没有提肿瘤的事情。因为在心底,我希望之前那个兽医的诊断是错误的。但是,新的兽医也告诉了我相同的答案:狗狗的肝脏上长了一个巨大的肿瘤。兽医说,我们可以给狗狗做更多的检查,查清楚那到底是什么类型的癌症。但是,根据她从医多年的经验,那个肿瘤极有可能是个"不好的"东西。对德国牧羊犬来说,8岁到10岁为正常寿命,我的狗狗已经上了年纪,做这一切好像没有多大的意义——我不想让它经历更多无谓检查带来的痛苦。

然后,我发现了《秘密》,并立马付诸实践。我每天晚上都对我的狗狗说,它已经完全康复了。我并不想说"肿瘤消失了"，因为，我知道我根本就不该提到"肿瘤"两字。一开始，要说点积极的东西其实很难。我考虑了很久，决定告诉它：它的器官都在正常运转，它的消化系统非常健康。我告诉它，它非常健康。在我的心里，我知道它已经被治愈了。我每天晚上以及白天想起来的时候都会这样跟我的狗狗说话。我一点都不担心，头脑中没有一丝一毫的负面想法。我很自信，它已经被治愈了。

四个月后，我又带着它来到了兽医那里。兽医检查了一遍又一遍，仍旧不敢相信自己的眼睛：肿瘤彻底消失了。她问我在这几个月里究竟做了什么，我回答说：我祈祷了——我认为这种说法更容易让兽医理解。我看到她郑重地在本子上记下了"祈祷"一词。

——露辛达·M.，美国加利福尼亚州

露辛达知道，要让自己的肯定性话语真正起作用，就要和自己的狗狗进行积极的沟通，就**仿佛**狗狗非常健康。如果关注点在"肿瘤"的话，只会进一步助长肿瘤的威力。

你可以改变人生的道路，从黑暗走向光明或从消极走向积极。每次你把焦点放在积极的一面，就能为自己的人生带来更多光明，而且你很清楚这道光能驱散所有的黑暗。感恩、爱、友善的思想、言语、行动，都能带来光明，消除黑暗。

用积极之光填满你的人生吧！

——《秘密：实践版》

相信最好的结果

一天，我12岁的可卡犬突然吃不下饭了。此前它可从来没有出现过类似的情况。它还喝不进去水：它没法吞咽，喝进去的水都顺着嘴巴流了出来。

我带着它去看兽医。等候治疗时，它的嘴里突然开始涌出鲜血。医生马上把它送进了诊疗室，要对它进行麻醉检查。医生说，我的狗狗岁数大了，很可能是牙齿坏掉后又长了脓肿。我把它留在兽医那边，准备晚点再来接它。

然后，我就接到了一个电话。

兽医在电话里跟我说，我的狗狗正在手术台上。他们发现它的舌头里边和舌头下方都长了巨大的肿瘤。并且，它的胸中也长了一个肿块。兽医说，我的狗狗病得非常严重，现在最好的做法就是不要再把它从麻醉中唤醒，就让它平静地陷入永久的睡眠吧。

我很害怕，也很难过。但是无论如何，我都不能在诊断结果出来前就让我的狗狗永久沉睡。我没有听从兽医的劝告，而是让兽医对狗狗体内所有的肿块进行活体检查，并尽量修复好它的口腔。兽医照我说的去做了，但是在这个过程里，他让我感觉到：我好像是在让我的狗狗承受无谓的痛苦，对狗狗进行口腔治疗也是浪费钱——毕竟，狗狗可能最多只有两周的寿命了，进行口腔治疗也没什么意义。

我带着狗狗回家后，我们全家人都很悲伤。那一晚，它非常痛苦，我也开始怀疑自己：我是不是太自私了？甚至，在某些时刻，我还为之前做出的决定感到后悔。

然后，我想起了《秘密》的教诲。

从那一刻起，我用尽全身所有的力气和精力，相信它只是被感染了，没有得癌症，它会好起来的。一有空，我就会感谢宇宙，我一遍又一遍地为狗狗的康复表达着感谢之情。可以说，我也是真的这么相信了，我对其他所有人说：它没事，它正康复着呢！

几天后，我又带它去兽医那里接受了检查。兽医给了我一些止痛药和抗生素，告诉我现在也没法做什么了，就尽量让它好受一点吧。此后的一周里，我全身心地相信着：我的狗狗正在康复。我拒绝任何不良想法。

最后，兽医打电话来，告诉我活检的结果。所有的检查结果显示，我的狗狗没有癌症。对此，兽医表示非常吃惊。

兽医说，很可能是在活检取样的过程中他们碰巧没有查出癌细胞。但是三个活检的结果都没问题，这也实在是太侥幸了吧。在我看来，这其实并不是什么侥幸，也不是检查出了问题。并且更棒的是，狗狗的所有牙齿也都是好的，不需要拔牙！

每天，我都会为狗狗的健康感谢宇宙。同时，我也感谢自己，还好在那个黑暗苦楚的关键时刻我没有听从兽医的建议。

——简·J.，英国伯克郡阿斯科特

快乐是最好的灵丹妙药

如果你下定决心,从今往后,只想快乐的事情,那么你就踏上了一段身体净化之旅。快乐的想法,是身体健康的最佳灵药。

我们可以给自己的不快乐找出很多很多的借口。对自己说"等……时,我就快乐了",这其实是在让自己的快乐延期。如此一来,此后的人生中,你可能会一直拖延着,享受不到快乐,这也会对你的身体造成不良影响。快乐是让身体健康的最好的灵丹妙药。现在就快乐起来吧!不要再找借口了!

要想实现幸福的生活,必须平衡心灵与思想。一旦两者平衡了,你的身体就处于极为和谐的状态。人生亦是如此。

——《秘密:实践版》

健康的秘诀

- 在某些时刻，每一种所谓的不治之症都已经被治愈。没有什么情况是彻底无望的。

- 心灵的治愈力量和传统的医学治疗可以完美结合，和谐作用。

- 想象到并且感受到自己康复了，你就能接收到它。

- 如果对自己的健康状况抱有消极的想法，你必须改变自己的想法，才能改善自己的健康状况。

- 想想健康，说说健康，想象自己非常健康。

- 不论此前情况怎样，你都可以改变现状……你只需要一个小小的积极想法。

- 要保持身心健康，你就不能有消极的想法。多想一想美、爱、感恩、快乐等积极的事物吧。

- 视觉化，让快乐健康的积极画面充满你的整个身心。

- 快乐是身体健康的最佳灵药。想想快乐的事情，开始身体的净化之旅。

- 你可以用积极的想法和感受治愈孩子，治愈宠物，就像你治愈自己一样。

倘若你渴望得到……某份特定的工作,
却又无法达成愿望,
那就是宇宙在以它的方式告诉你
这些都与你的梦想不符。
同时它还预示了有**更好**和更有价值的在等着你。
更好的事物即将来临……激动雀跃是无可厚非的!

——《秘密:实践版》

秘密如何成就了我们的事业

秘密的法则可以帮助你吸引到所有你想要的东西,因此,没有什么"毫无前途的工作"是你改变不了或摆脱不了的,没有什么"玻璃天花板"是你突破不了的,没有什么"梦想中的工作"是你不能得到的。

专注积极,忽略消极

如果当下的生活环境与理想状态相去甚远,你就会很容易陷入消极和沮丧。但是,你自己知道,并且世界各地的很多人现在也都知道了,消极的想法只会吸引来更多消极的事物。如果你只关注那些你想要得到的东西,集中精力,你就是在用宇宙中最强大的力量吸引、召唤着它们。

讨厌每一份工作

多年来，我在工作中越来越生气，越来越愤怒。我好像总能给自己找到世界上最差劲的上司。这都是上帝的错！我越对上帝感到愤怒，事情就会发展得越糟糕，如此形成了恶性循环。

后来，我来到当地一家印刷厂从事电子印前制作工作。接受这份工作前，我就仔细研究了未来的工作环境，想看看这份工作是不是和我之前的一样，**这家**新公司会不会有所不同。在我看来，所有的同事都很好相处。后来事实证明，我跟同事们以及上司们相处得确实非常不错。但是，在那里工作了三个月后，公司决定扩大业务范围，开设数码印刷业务。他们问我是否愿意去新的数码印刷部门工作，我说："没问题，我愿意去。"

我的新上司在人际交往方面有点问题。他总是折磨我，趁我出去吃午饭时在我的椅子上留下言语刻薄的字条，并且总是把他自己犯的错误怪到我的头上来。

长话短说吧,六个月后,我被开除了。

当时,我都想自杀了。我以为一切都完了。我再也不想工作了。我仿佛看到连上帝都在嘲笑我。我的心中充满了愤怒。

一个朋友给了我《秘密》DVD,然后我明白了,在每一份工作中,都是我自己吸引来了所有那些不好的经历。我一下子全都懂了。我总是想:他最好不要再这么跟我说话了;为什么和我合作的同事都是最难相处的人;我做得不够好,希望他们不会开除我;希望他们看不出来,我其实在工作上一窍不通;希望他们看不出来,我其实是个冒牌货……我总是会想很多消极的东西,以上还只是其中的一小部分。

我把自己所有的消极想法写下来,看到了这些想法的问题和丑陋。然后,在另一页纸上,我写下来与这些想法相反的积极的想法。一开始,这很难做到。后来,我用提问题和表达希望的方式组织了自己的语言:"如果我的同事们都很和善友好,那会是种怎样的感觉?如果我赚的工资比以往都多,那会是种怎样的感觉?我想要去一家出版社工作,那会是一份很棒的工作,我希望自己能在×月×日前开始这份工作。"

就在我写下这些话的同一天,我接到了一家出版社的面试通知,并且得到了这份工作。虽然现在我不在那里干了,但是那里的同事们确实是我遇到过的最随和、最善解人意、最**正直**的人。我此前绝对不会相信，世界上竟然会存在这样的公司。

并且，我赚的钱比原来都多。

我现在是不是还会有消极的想法呢？会。我还会长期抱有消极想法吗？不会了。我知道，我不用这么做。之前，我不知道自己还可以选择。现在，每当我产生了一个消极的想法，我就会专注于它的对立面，去想想积极的东西。如果在那个时刻，这很难做到，我就会把它转变成一个问题："如果……那会是种怎样的感觉？"这对我来说简直是个利器。

现在，我还不敢说我在积极想法方面已经很擅长了。有时候，我的想法会有所反复，次数还不少。但是，我现在经营着自己的事业，赚到的钱比以往都多。我的事业发展迅速，现在我都想着要怎么扩张了。

我希望所有的人都能尝试一下。这真的很管用。如果你觉得没有什么效果，就问问自己："如果我的梦想**真的**实现了，那会是种怎样的感觉？"这一定会管用的。

——**安妮特**，美国佛罗里达州

你不能质疑吸引力法则的可行性，因为它每时每刻都在运作。如果你的愿望没有实现，那么你就能看到自己运用吸引力法则的效果。愿望没有实现，说明你正在创造自己不想要的。吸引力法则只是不断地对你的创造做出回应。

一旦你明白了这一点，你就能重新运用这股神奇的力量吸引自己想要的一切。

——《秘密：实践版》

是什么让你相信？

大学毕业后，我一连好几个月都找不到工作。我读了《秘密》很多次，也观看了《秘密》影片，它们彻底改变了我的思维方式，帮助我重新认识了世界、认识了人生。但我还是无法让自己相信我已经找到工作了——那时候，我最想得到的就是一份工作。

在经历了整整一周投出无数份石沉大海的简历后，我顿悟了。我让自己保持乐观，每天在日记里写下为找到工作而满心感恩。但是，我并没有真正地认为自己已经找到了工作，我的行为也没有表现出来我已经找到了工作。我意识到，坐在家里投简历，希望工作从天而降，这种做法根本没什么用。因为，通过这种做法，我其实是在告诉自己：我将一直处于找工作的状态！我意识到，我要生活得好像自己已经找到了工作一样。

我开始每天很早起床，就像我早上要去上班一样。我不再每天都找工作，不再每天在日记里写下我为自己找到工作而心怀感恩。我开始在日记里写下：一天的工作又顺利结束了，我非常感恩；我很喜欢我的工作，也喜欢我的同事。我搭配好上班要穿的衣服，还开设了一个专门用来存工资的银行账户。我和已经找到工作的朋友们一起出去玩，听他们讲述工作中遇到的事情，却并没有像过去那样心中感到酸楚或嫉妒——因为我知道，我也找到工作了，因此，我没有理由感到愤懑不满。我还复习了打字和其他电脑技能。

很快，我就真的相信自己已经有工作了。

"假装"自己有工作两周后，有人告诉我有份工作特别适合我。去面试之前,我就知道,我一定会拿下这份工作。我做到了!最棒的是,在工作中,一切都进展顺利,就像我在日记里写下的一样。现在,我每天都会写下希望工作如何进展,而且总是如愿以偿。

感谢《秘密》,没有它的话,我永远不会知道,在事情发生前,你要先相信。如果没有《秘密》,我就不会拥有现在的人生。

——**凯特**,美国纽约州长岛

一开始,凯特的行为与她的愿望不匹配,因此她其实是堵塞了自己的接收路径。一旦她开始**表现得仿佛**已经找到了工作,她就真的开始**相信**了;一旦相信了,她就真的接收到了。

一无所有时,你还有秘密!

我失去了一份心爱的高薪工作,此后,我在苦闷与煎熬中度过了漫长的15个月,才总算找到一份新工作。这份新工作没什么前途，工作内容很基础，工资也只是我过去工资的一半。我的能力根本无处施展。我恨这份工作，但我还是坚持了四年，因为我以为总归会有什么"好事"发生。唉，我当时真的是**大错特错**了！

我一直对自己说："心存感恩，不要兴风作浪。"虽然我很不喜欢这个工作，但是我学着隐藏自己的情绪，并总是怀揣小小的希望：在这个工作里也许蕴藏着其他的机会。

最后，在申请了75份工作、参加了5次面试却颗粒无收后，我彻底受够了这一切。我决定，**不能再**放任自己的生活，我要打造自己的**理想**生活！

《秘密》就此登场了！一年前，我读过《秘密》。但是，那一天，我终于决定要实践起来。我找来一本日记本，工作日里，我会在本子上写下自己对理想工作的期望。我应用了所有的秘密法则，使自己完全沉浸在我创造的世界里。我每天都动用自己全部的感官生活在我所创造的世界里：我看到了我的办公室，我敲击着我的电脑键盘，我闻到了我的红木办公桌散发出的馨香，我和我的同事们进行着对话（在我的世界里，他们有自己的名字、性格和外貌特征），我尝到了午餐墨西哥玉米饼的味道，我参加了会议和活动。我在那儿啊！我真的就在**那儿**啊！

宇宙让这一切都实现了。我得到了更多的面试机会。然后，我找到了**两份**工作，这两份工作都是我喜欢的、我想要的。最后，我选择了其中的一个！

秘密就是：相信！感受！看到！摸到！期盼！

——凯利，美国印第安纳州

凯利想象出了一个与真实世界完全不同的理想世界。他在视觉化的过程中调用了自己所有的感官，想象着理想工作的方方面面，直到他最后完全相信了这一切。他的故事是一个活生生的证明，证明了只要保持积极想法，每一秒都有可能改变你的人生。

如果你今天过得不好，就请停下来，改变自己的想法和感受，改变自己发出的频率。如果这一天顺风顺水，就请继续下去。

——《秘密：实践版》

不用管"如何"

你不用管宇宙究竟会**如何**实现你的愿望,你不必担心究竟**如何**才能接收到梦寐以求的工作或事业机会。宇宙会安排好所有的人、所有的境遇、所有的事件,化不可能为可能,帮助你实现心愿。不用管如何接收到宇宙带来的礼物,去相信吧,去感受吧,就像你已经实现了心愿一样。

25岁时,我的书出版了!!

看完《秘密》后,我把所有的心愿都写在一张纸上,摆在书桌前。我有七个愿望,其中之一就是:我的诗集能由一家大型出版社出版。看完《秘密》两个月后,我什么都没做,只是专心进行视觉化训练,让自己感受诗集出版后的狂喜心情。

我并不知道究竟该如何让自己的诗集出版,我只是知道我一定能让自己的诗集出版。大部分诗人都说,要让自己的诗集以书籍的形式出版,你得先在知名杂志上发表其中大部分诗歌作品。

我拒绝相信这种说法。我只是单纯地相信,一年内,我的书就会出版,并且在Barnes & Noble(美国最大实体书店)上架销售。

视觉化两周后,我收到了某知名出版社编辑的邮件。在邮件中,编辑告诉我,他正在审阅我两个月前寄过去的诗歌手稿。我自己都忘记了还有这么一回事!我感到非常惊喜。

于是,我把我想用在诗集封面上的图画打印了出来,在上面写下了诗集的名字。我写好了致谢词,还模仿编辑的口吻给自己写了一封出版通知信,并把它打出来贴在了床头上。我不断想象着自己在收到诗集出版的好消息后会怎么做:我来到班里,开香槟庆祝;给我的父母打电话,告诉他们这个好消息。我设计好了书籍出版庆祝活动的邀请函。并且,我还和几个学生说,我出了一本书。

很快，我就接到了一个陌生号码打来的电话：出版社编辑打电话告诉我，他决定出版我的诗集，将尽快寄来出版合同等。秘密真的很管用啊！！

——玛丽亚，美国纽约州

如果你急得像热锅上的蚂蚁，想要插手干预事态的进展，请记住这一点：**如何**让你实现心愿是宇宙的事情，如果你自己在这一过程中采取了行动，哪怕只是小小的行动，也会毁掉整个创造过程。这是为什么呢？因为你的行动其实是在表明，你还没有实现心愿。然后，你就会继续吸引来"没有实现心愿"这个现实。

玛丽亚不知道她究竟该**如何**实现出版诗集的心愿，但是她很明智，做出了一些非常具体的行动，表现得好像已经梦想成真了。这些行动能让愿望加速达成！

希望

很多年来，我都是励志书的忠实读者。过去这么多年，我学着应用从书中学到的东西，但就是没什么成效。几年前，我

*发现了《秘密》,我发现《秘密》融会贯通了其他所有励志书的精要,易于理解,也易于操作实践。这就是我一直以来所欠缺的。要求,相信,接收。就是**这样**!实在是太棒了!*

发现《秘密》时,我的婚姻状况非常糟糕,在工作上也没什么前途。我的一切尝试好像都失败了。我不知道为什么会这样——我一直都以为自己是个特别积极的人,身上充满了励志的正能量。

然后,我开始在生活中的方方面面应用秘密的法则,生活立马有了起色。

我要改变的第一件事就是我的事业。我之前是一个职业演员,但是有了孩子后,我找到了一份"真正的工作"。工作令我感到痛苦,但是,那时候的我以为自己只能忍下这份痛苦。读完《秘密》后,我辞掉了这份高薪的"稳定"工作。我没有什么计划,也没有找到下家。我只有一个信念:宇宙会给我一份我真正热爱的演艺工作。

此后三个月里,我在一部低成本影片里出演了一个小角色。那之后的六个月里,我还接到了其他两个角色。我向宇宙

提出了更大的要求:我希望过上一种没有压力的生活,赚很多钱,不用为贷款和生活费发愁。

然后,我就得到了一个在新加坡演出一年的试镜机会,它改变了我的人生。我没有怀疑自己,没有怀疑宇宙,我只是心怀感恩,坚持不懈。自那以后,一切都顺风顺水地朝着理想的方向迅速发展起来。

我离婚了,摆脱了糟糕的婚姻,但是与前妻的关系维持得很好。我和孩子们也关系密切,带着他们看到了广阔的世界。我从事着心爱的演艺事业。我完全不用担心生活上的费用。我住在高层公寓里,却一分钱房租都不用交。我赚的钱比以往都多,工作的时间却比以往少。我的工作美好得都不像是一份工作,我可以在周围到处游览。

我感觉自己整个人都变年轻了。我更快乐了,没什么压力!!

过去的我不会相信自己竟然可以拥有这么美好的人生。但是,我已经和过去的我不一样了。我现在真的相信了。

我要感谢朗达，感谢宇宙，感谢你们为我的生活带来的一切，不仅是物质上的，还有精神上的、情绪上的、心灵上的财富。

——达雷尔·B.，新加坡

达雷尔接收到了他想要的一切，虽然他根本不知道这一切究竟是**如何**发生的。下面这个故事里，罗兰也一样。并且，他们还有一个共同点：他们都很清楚地知道自己想要什么，并且都坚定不移地相信自己的愿望一定能够实现。

有志者事竟成！

首先，我要衷心感谢秘密团队，感谢他们为我们带来了《秘密》，并且引领我们走进了《秘密》的世界。

12岁起，我就希望能住在洛杉矶，做一名职业鼓手。只有不到1%的音乐人能真正地靠音乐养活自己。我在音乐上取得了一点小成就，却从来没办法只靠音乐生活下去——白天，我还得打工赚钱。我觉得自己特别适合生活在洛杉矶这种地方，在这里，音乐、娱乐产业蓬勃发展，并且大部分时候都阳光明媚。

在某种程度上，我想我不自觉地应用了秘密法则：我从来都不担心钱的问题，需要钱时，我总能有钱。但是，看完《秘密》后，我变得更加强大了。我买来了《秘密》有声书，每天都听，现在还在听。我努力学习并应用其中的方方面面。

三个月前，我辞掉了工作，因为在内心深处，我知道自己应该这么做。我不知道该如何赚钱，不知道该何去何从。但我还是很放松，坚信一切都会好起来的。结果，我获得了一份临时性的工作，在两个月里就赚到了1万多美元——这是我赚到过的最大的一笔钱了。工作结束后，我不知道接下来该干什么，不知道今后该如何维生。就在那时，我接到一个电话，一艘洛杉矶的豪华游轮想找我们的乐队开发一组新的演出节目。我们将在他们位于洛杉矶城外的大型制作室里工作。

我所做的，仅仅是保持好心态，想象自己住在洛杉矶，作为一名职业音乐人，过着成功、富足的生活。现在，一切好像都慢慢地实现了，以连我自己都想象不到的方式。这真的是太奇妙了，而这一切仿佛还只是刚刚开始。

只要听着《秘密》有声书，我就会感到开心、快乐，有时候我的眼里还会盈着泪水。我不知道对此该如何解释。从《秘密》中，我学到的仅仅是一种看待生活的方式、一种积极思考的方法，它们令我受益匪浅。《秘密》提供给我们的其实还有更多更多。谢谢。

——罗兰·C.，加拿大纳奈莫

通过对《秘密》的学习，罗兰意识到了，自己体内就蕴含着巨大的能量，能吸引来他想要的事业。我们可以拥有任何东西，成为任何人，做任何事情——可能性是无限的。我们只需要搞清楚自己**真正**想要的是什么，然后提出要求。

有时候，我们很可能会怀疑，究竟**如何**得偿所愿。下一个故事里的主人公就是这样的。尽管她不符合某场舞蹈试镜的所有要求，但她还是决定应用秘密法则，放手一试！

一次大胆的试镜

必须承认，在读完《秘密》后，我有点将信将疑。我可以在一些小事上一试究竟，比如吸引某个人给我打电话，或者帮助自己赶上列车。但是，即使成功了，这也可能仅仅是巧合，仍旧不能让我真正相信秘密的魔力。所以，我决定要试一个大的。

一天，我的经纪人给我打电话，说有一个广告正在招募女舞蹈演员。她想让我得到这个角色，但是（**但是！**），他们想找的是一个金发碧眼的舞者，而我是个黑人。我真的不知道经纪人为什么要告诉我这个消息，但我还是决定过去试试看。

对于这次试镜，我并没有抱太大的希望（因为希望越大，失望越大）。试镜现场坐满了金发碧眼的舞者，就在那时，我意识到我真的很想得到这份工作。是时候检验一下秘密是否真的有用了！我在心中想象：自己最终得到了这个角色，在电视上看到自己的面孔，亲友们纷纷打来电话表示祝贺，并且这份工作还为我带来了其他的工作机会……轮到我进去试镜时，我自信满满。我跳得纵情洒脱，酣畅淋漓，然后就离开了！

回去的路上，我一直想着这个工作的事情。到家后，我把广告产品的名字写在便利贴上，贴在了我的衣橱上。我不断想象着我得到了这个机会，在接到好消息时要做出怎样的反应。

第二天，我正在别处工作呢，突然接到了经纪人的电话："我要告诉你一个好消息……"还没等她说完，我就知道了：**我得到了这份工作！！**我欣喜若狂。虽然之前我一直告诉自己我会得到这个机会，但是当我最终真的实现了梦想时，我还是非常开心。

现在我知道了，我可以有更大的野心，未来就在我自己的掌控之中。这实在是太令人兴奋了。

——K., 英国伦敦

创造理想薪资

在下一个故事里，亚娜的脑海中有一份具体的工作以及一个具体的薪资数额。她利用肯定的力量实现了自己的心愿。

理想的工作

我丢掉了一份高薪的工作，此后就一直在打零工，后来连打零工的机会都找不到，完全失业了。最后，我找到了一份固定的兼职工作，每小时赚10美元。但是，开始工作两天后，我的工作时间就被莫名其妙地减了半，从每周20小时缩短到了每周10小时。每周只赚100美元，我根本活不下去。

有一天下班回家的路上，我感到非常失落沮丧。回到家后，我精疲力竭，满脑子都是对未来的担忧。但不知为何，那一晚，我迫不及待地想看看《秘密》。看完后，我拿出日记本，写下了这些话：

"几天后，我就能得到一个很棒的行政工作岗位，工作地点离我家很近，步行可达。我每年至少赚3万美元。我的同事都很友好、和蔼，我们合作得非常愉快。我所从事的工作非常有趣，我的工作能力得到了同事的认可和上司的赏识。我按周领取薪水，周一到周五每天都按时或提前到岗，很享受上班的每一天。现在就能找到一份这么完美的工作，我心怀感恩。"

第二天，我一直对自己说着以上这些话，说的时候我**感到**很开心。一想到自己未来的新工作，我就浑身上下神清气爽。我感到非常兴奋！

有一天，我还在工作，手机却一个劲地在响。我错过了同一个电话号码连续打来的三个电话。休息时，我看了一下手机上的信息，发现电话是我几年前注册过的一家职业介绍所打来的。

我回了电话，对方跟我说他们有一个工作机会要介绍给我，明天上岗。这份工作的薪水和我之前心里想的一模一样。我询问了工作地点，对方跟我说，这是一家设计公司，离我家步行只需要5分钟。并且，最棒的是，这是一份固定工作。

写下心愿后的两天里，我就找到了新工作。我在这里工作得非常愉快。

——亚娜·子，美国马里兰州巴尔的摩

亚娜对于自己的新工作和薪水充满感恩，就**好像**她已经得到了工作、拿到了薪水一样。感恩是一座桥，帮助你脱离贫穷，通往富足。在金钱方面，越感恩，就会越富有，即使你现在拥有的还不多。在金钱方面，越抱怨，就会越穷。

薪资翻倍！

刚进入新闻行业时，我的家人给我提供了许多帮助，让我心中有动力，能继续追求自己的目标。我在当地一家杂志社工作，赚得很少，但是发展机会不错。我赚的钱只够付房租，每个月都得靠父母的接济生活。

几个月过去了，我的爸爸不愿意再整天帮我付账单，他通过各种方式表达出了自己的不满。我知道，他是希望我能够更加独立，我却很抓狂。我想让大家都开心，我想赚更多的钱自力更生。渐渐地，随着年底的临近，我开始焦虑，我放弃了希望，觉得自己不可能获得加薪。对于未来，我只能看到不好的一面。猜猜后来怎么样？我确实遇到了很多问题和挫折。

后来，我越来越抑郁，感觉身体总是不舒服，终日打不起精神来。一切看起来都很糟糕，我开始想要逃避这一切。然后，一个熟悉我近况的朋友向我推荐了《秘密》。她给了我一张DVD，让我一定要看一遍。一直以来，我都对励志书籍、心灵鸡汤什么的不大感冒。但是当天晚上，我就看了《秘密》。我感到，DVD里人们说的那个人就是我：是我自己用消极的思想吸引来了那么多不好的东西。那一晚，我哭了，但这并不是因为难过。我的泪水是喜悦的泪水。我知道，我会好起来的。

从那天晚上起，我就开始应用秘密的法则。我只想积极的东西，只想关于财富和快乐的事情。我感谢宇宙赐予我这么多东西：我的健康，我的朋友，我的工作。

12月末，经理把我叫到他的办公室，告诉我公司要给我提薪。薪水涨幅不大，我仍然没法完全自力更生，但我还是非常感谢他，也很感谢宇宙，因为我知道：我要求了、相信了，现在，接收的过程也开始了。

1月初，我向宇宙提出了一个要求：我希望自己的薪水翻倍。我不知道这个愿望将会如何实现，但是我知道，它一定能够实现。宇宙会马上开始行动。在我的心中，我知道，我的愿望一定能够实现。

四个月后，4月的时候，我调到了同一家公司旗下的另一份杂志工作。猜猜发生了什么？我的工资翻番了。我知道，这是因为我相信了。然后我就想："既然这个心愿已经实现一次了，那它就可以再次实现。"于是，我又向宇宙提出了要求，希望能够再次让我的薪水翻倍。你可能都不会相信，四个月后，另一个部门的经理邀请我加入他们的团队，我的工资又翻了一番！

秘密彻底改变了我的人生。过去的一年里，一切都那么举步维艰；新的一年里，一切都是那么美好，就像我想象的和我相信的一样。现在，每一天都是上天赐予的礼物。我知道，我是特别的，我是独一无二的。宇宙是我的朋友，会对我的想法做出回应。我的亲身经历证明了：秘密确实很有用。

你也许会想，后来我有没有继续向宇宙提出要求，把我的薪水再翻一倍。没有。后来，我向宇宙提出要求，希望得到快乐与富足。现在，我每天都接收宇宙赐予的礼物。

——艾伦，肯尼亚内罗毕

艾伦为他自己已经获得的一切以及希望接收到的一切感谢宇宙。然后，他就让吸引力法则去发挥作用，不担心结果，不焦虑过程。

成功组合

几年前，我工作的脊椎推拿科室的同事们发现，我们的客户越来越少了。过去三年多，没人涨过工资。必须做出点改变了。我们热爱自己的这份工作，但是生活成本不断提高，大家只能纷纷开始另谋出路或寻找兼职。

有一天，除了医生之外的员工们开了个会，讨论了加薪的事情。我们知道，要加薪，就要设定目标，寻找病人，把所有医生的诊疗时段都填满。我们制订了每周、每月的工作目标。在我们看来，一旦达到这些目标，我们就能加薪25%，弥补过去几年的收入不足。但最重要的是，我们要商定好希望什么时候涨工资。我们把时间定在了10月15日，那是我们每年一次的提薪日。

我们立马行动起来。我们设计了一个口号："提薪25%，生活更美好！"我们把这句话贴在桌前。每一天，我们都努力把所有医生的诊疗时段填满。如果某一天的日程不够满，我们会说："我们需要十个老病人和两个新病人。"不出意外，很快，电话就会响起来！医生们忙碌了起来，一天结束时，他们总会抱怨过去的一天有多累。

10月初，员工们又开了一次会，重新审视了我们的目标和感恩列表。我们想，下一次再开会的时候就可以展示一下我们的目标，并展示一下目标是如何实现的。但是，再开会时，我们做好了准备，医生们却实在是太忙了，我们没法进行展示。我们很失望。距离10月15日只有两天了，但我们还是集中精神，不断说着："提薪25%，生活更美好！"

10月15日来了又去了。很快，下一个发薪日就要到了，医生们已经和会计见过面了。几天后，老板找到了我。我不知道她为什么找我。她开门见山，肯定了我们所做的工作，告诉我从10月15日起，所有人都会涨工资。我们的工资涨25%，她自己的工资涨20%。听到这个消息后，喜悦的泪水夺眶而出。我告诉医生,我们利用秘密实现了为科室设定的目标,并且实现了提薪25%的目标。

我们的工作保住了,我们都赚到了钱,并且办公室里士气大振。现在,我们经常开会,利用秘密提升我们个人生活中的方方面面。我们也鼓励病人们随时从我们的办公室借《秘密》DVD观看。

——*洛蕾塔*,*美国华盛顿州*

两个人或更多人集中精力,想要吸引同一样东西时,他们会创造出更大的能量。每个人都贡献出了他们自己的力量与信念,组成了一个成功组合。

就像洛蕾塔在她的故事里讲到的那样,你可以和一群人一起,为了一个能令所有人都受益的目标共同努力。团结在一起,你们的力量是无比巨大的!想象一下,团结在一起,你们能达成怎样的成就!

一个人,也可以创造出想要的一切。但是,与其他人联合起来,信念的力量更强大了,你将能够更快地达成心愿。

做你所爱

对下面几个故事的主人公来说，他们最大的心愿就是能做自己喜欢做的事情。金钱对其中一些人来说还挺重要的。但是，在另一些人看来，只要坚持了自己的梦想，宇宙就一定会给他们带来金钱。下面这个故事的主人公达拉斯就为我们提供了一个最好的例子。

两周后开始新生

有一段时间，我追求着自己的梦想，却沦落到在街头住了两年的窘迫境地。那时候，我都快要放弃吸引力法则了。我感觉自己被所有人抛弃了，孤独绝望。那时候正好是个冬天，我无处可去，只好周游全国，希望能找到一份工作，却颗粒无收。

我之前听说过，通过吸引力法则，30天就能够改变人生。所以，我决定最后一搏。我每天都读《秘密》，听《秘密》，学习其中的教诲。我不知道需要多久一切才能好起来。

我**需要**一份工作，任何工作都可以，但是我**希望**我的这份工作能让我拥有自由，能让我真正发挥自己的能力，有所作为，做出成绩，受到认可。我很高兴，我**知道**，这份工作就在来的路上了。只要我是这么觉得的，工作就一定会来。

两周不到，机缘巧合之下，我找到了一份工作，做电台DJ。七个月后，我就让电台的广告收入提高了20倍，并且还在电台里创办了一个新的节目，专门帮助艺术家筹款（不依赖CD销售或现场音乐会）。我组织起了一帮非常有前途的艺术家，带领他们，与他们通力合作，帮助有才华的新人在业内站稳脚跟。并且，我还和一个商业合作伙伴一起开创了一个服装品牌。我的老板很赏识我的工作，我被称为我们电台里最棒的DJ。我的愿望都实现了。

现在，我做着理想的工作，非常快乐，并且对能够从事这份工作充满感恩。好事接踵而至，我不断追求着更大、更好的目标。

如果有人怀疑秘密并非真的有效，就看看我的亲身实例吧：**秘密确实很有用**。

——达拉斯·C.，加拿大马尼托巴省温尼伯尽管达拉斯知道自己需要钱，但他最大的心愿还是做自己喜欢做的事情。结果呢？他两者都得到了！

即使你已经感觉到宇宙将会实现你的梦想，在这个过程中，你可能还会有所怀疑。特别是当你想要离开一份非常稳定的工作、专心追梦时，你很可能会想到各种结果，心中纠结不已。

举棋不定时，你可以向宇宙提出要求，让宇宙向你显示能证明你的选择是正确的证据。记住，你可以提出任何的要求！

在下面这个故事里，海伦在辞职前非常纠结。然后，宇宙出手了，通过小小的技术手段帮助她做出了正确的决定。

来自宇宙的邮件

几年前，一个同事就向我推荐了《秘密》。但遗憾的是，那时候我处在一种非常消极的状态中，只读了几页就放弃了，因为我害怕读到的东西会对我的生活产生什么影响。现在看来，那时候的我是多么可笑啊！好在后来，我的一个朋友又向

我推荐了它,而这一次,我准备好了。

读每一个章节时,我都很快乐,很兴奋,我的心情简直难以言表。读完全书后,我有点激动得难以自持。第二天,我就做出了一个改变我一生的重大决定。

一直以来,我都在考虑着辞掉现在正在做的兼职设计师工作,专心做一名自由插画家。我有这个想法已经很久了,但是我要考虑钱的问题,不想失去现在这份稳定的薪水。我不断地告诉自己,再等等,再等等,等我攒够了钱就好了。我太害怕了,虽然我的直觉告诉我,我应该这么去做。

之前,我在工作上一直不大走运,总是遇到讨厌的雇主,工作环境也充满了压力,还经常被裁员。在心底,我知道这其实是在逼着我自己单干,但是我太害怕了,我不想让自己和我的家人失望。

读完《秘密》后,我知道,是时候下定决心了。奇怪的是,当时的我没有一丝一毫的忧虑或担心:我知道自己一定会取得成功!

但是在去辞职的路上,我开始忧虑了。在去往公司的地铁上，我感到胃里很不舒服，我不断地问自己：这么做对不对？我是不是太冒失、太自私了？钱这方面怎么办？这时候，宇宙出手了，助了我一臂之力——就在我快要退缩时！

我的脑海中充满各种各样的忧虑、担心、害怕，就在这时，我看了下手机，发现收到了37封新邮件。这实在是奇怪。那是个早上，而且我几分钟前才查过邮件。我看了一眼那些"新"邮件，发现它们其实都是我之前发出去的邮件！过去**五年来**发给不同的人的邮件，突然都重新出现在我的收件箱里，并且，它们都是关于同一个主题的。所有邮件的主题都是：我想辞职，我想单干！我读的第一封邮件是在被辞退三次后我发给职业介绍所的邮件。其中，我看到的第一句话就是："我想一定是上天想通过这个经历告诉我什么事情！"读到这里时，我突然感到脊背阵阵发凉（现在，当我写下这个故事时，我也感到脊背发凉）。此外还有几封邮件也是发给职业介绍所的（这也提醒了我，我究竟被辞退过多少次啊）。在几封邮件里，我抱怨说我不喜欢为不同的老板工作。有几封邮件是关于我之前做过的一个儿童书插画项目，我很喜欢那份工作。年代最久远的一封邮件是几年前我写给当时的经纪人的,在邮件里,我表达了自己想做自由插画师的愿望,问对方是否愿意为我做代理。我的电脑里根本没存过这封邮件,更别提手机上了。我都记不得自己曾经发出过这样一封邮件。但是,它就躺在我的收件箱里呢,作为一封"新"邮件。

我知道,这是有什么人在告诉我:我所做的决定是正确的,未来一切都会好起来的。那一天,我一直情不自禁地微笑着,非常果断地递出了辞职信。

两个月后,我简直都不敢相信,我会那么忙碌!我之前还担心赚不到钱付账单呢!我之前从秘密网站上下载了一张空白支票,填写自由职业第一年的理想收入时,我填的数额在那时候看来是根本不可能实现的。但是,统计了一下这一年的收入后,我发现自己刚刚好能赚到这么多钱!我几个月后的工作都排得满满当当的了,根本不用再担心是否能继续成功这个问题。

四年过去了,我仍然是一个自由插画师,并且,今年我还实现了自己的愿望:我创作并绘制的第一本儿童绘本已经在全球范围内发行了。

我很荣幸,能在改变我人生的那一天接收到宇宙带给我的重要信息。我为生活中的一切美好心怀感恩,并且,我一直想象着更加美好的未来!

——海伦,英国利物浦

如果心中的忧虑让你的信念产生动摇,通过视觉化和自我肯定的方式坚定信念吧。或者,你可以做一些让自己感到快乐的事情。因为快乐时,忧虑就会烟消云散!忧虑是一种消极状态,无法与快乐这种积极状态同时存在。

我如何得到了梦寐以求的工作

第一次听说《秘密》时,我根本不相信。我阅读《秘密》,就是想证明这本书是错误的。

那时候,我努力了将近四年,希望能获得一份梦寐以求的工作。于是,在读书的过程中,我决定做个小实验。我找了张纸,写下了我想赚多少钱,我想在哪个国家生活,我想做什么样的工作。然后,我把这张纸贴在了镜子上。每天早上,我都会看到它,想象着做着新工作的样子。然后,我会列出生命中所有令我感恩的东西,说:"感谢我所做的一切,感谢发生在我身上的一切。"

不到五天,我就收到了一封邮件,我得到了一份梦寐以求的工作。

感谢《秘密》。

——米雷耶·D.,黎巴嫩

熟习秘密法则后,你会发现,有许多种方法可以帮助你坚定信念,让吸引力法则加速作用。其中,最有效的办法是:表现得**仿佛**你已经实现了心愿一样。

发挥作用

之前有一阵子，我把一切都搞糟了。我弄丢了糕点师工作，离开了烹饪学校，并且和已经交往两年的男朋友分开了。当时的我放弃了一切希望，觉得生活不会再好起来了，自己就是个没用的人。整整一个月，我陷在非常严重的抑郁情绪中。后来有一天，起床后，我突然想到了《秘密》。我也不知道为什么会想到它，但我还是在网上进行了搜索和了解。我观看了《秘密》影片，深受触动，后来还买来了《秘密》有声书。

在那个时候，我已经找了一段时间的工作，却没有任何进展。我决定利用秘密给自己找一份工作。我特别想在宠物医院工作，于是就向我家附近的一家宠物医院投递了简历。故事就这么开始了。

几天后，我正躺在家里呢，突然电话响了起来。我对自己说：这一定是有人打电话来提供给我一份工作。打来电话的是那家宠物医院的经理，他让我去参加面试。面试时，我紧张坏了，表现也不是特别好。但是回家后，我写下了这样一段话："我在××宠物医院工作，这家医院位于芝加哥××，电话是××。"我重复写了好几遍，直到最后我自己都相信了。

一天后，经理又给我打了个电话，听上去很热情，要我去再进行一次见习面试。我很高兴。我感觉自己已经得到了这份工作，现在，我需要想想要赚多少钱了。于是，第二次面试前几天，我在心中想了一个工资数目，并据此做出了一整套财务预算。我每天都会看它好几眼，假装我的工资就是这么多。

第二次面试中，我表现得成竹在胸，仿佛这只是我的同事们在向我介绍新的工作环境。一天结束时，经理告诉我他会在下周一打电话通知我结果。后来，他确实给我打了电话。他给了我一份工作，并且我的工资正好和之前心里想的一模一样。这种感觉实在是太棒了。

现在，我还在练习感恩的艺术，享受着生活中的每分每秒。到目前为止，我已经提出了一些要求和希望，并且都接收到了。我知道，只要有需要，我总是可以向宇宙提出要求。

——**琳赛**，美国伊利诺伊州芝加哥

想象自己已获得某份特定的工作——早上去上班，进入公司大门，这其实很简单。想象自己打开工资单，看到一个特定的数额，这其实很简单。想象自己喜获升迁，这其实很简单。视觉化，想象自己现在已经拥有了这一切，**感觉**自己已经拥有了这一切，实现的过程也将就此开始！

吸引力法则会对你的思想和语言做出切实回应。所以，如果你表现出还未得到的样子，那么就是在阻止自己得到想要的一切。

你必须秉持已经得到的感觉。

——《秘密：实践版》

事业成功的秘诀

- 力量就在你的心中,只要知道自己究竟想要什么并提出要求,你就能吸引来理想的工作。

- 只要心中有信念、有期待,没有什么理想工作、理想薪资是得不到的。

- 只关注在工作或事业中你自己想要得到什么,集中精神。

- 发动你的所有感官,想象理想工作的方方面面,感觉自己已经得到了这一切。

- 视觉化,想象自己拿到了理想数额的薪水。

- 不用担心自己将如何接收到工作或事业机会。

- 要消除疑虑,你可以做点让自己开心的事情,或者通过视觉化和自我肯定提升自己的信念。

- 想更快实现愿望，就要表现得仿佛自己已经接收到了理想工作。

- 爱你现在正在做的工作，钱自然不是问题。

- 你可以成为任何人，你可以做任何事——可能性是无限的。

当你尽全力行善时,
其他人也会以惊人的速度回报你。

——《秘密:实践版》

秘密如何改变了我们的生活

每个人的内心深处，都有一个真相亟待发掘，那就是：**你值得拥有生命中的一切美好**。你天生就知道这个真相，因为，得不到时，你就会感觉很糟糕。拥有一切的美好是你与生俱来的权利！你是你生活的创造者，吸引力法则是你的工具，能为你创造出想要的一切。

就像下面这个故事中的珍妮一样，很多人都与我分享了他们的亲身经历，感谢我改变了他们的生活。说实话，他们是改变了自己，从而改变了自己的人生。我很感谢能有机会跟所有人分享《秘密》。

谷底

"必须改变了,我就要熬不下去了。"30岁生日的前一天,我是这么想的。我接受过高等教育,但就是找不到一份稳定的工作。我单身,但是我希望能有个伴侣。我和我的父母住在一起。我的生活一团糟。我并没有什么雄心壮志,要让自己快乐、充实起来,我只需要一点点。但是,我什么都得不到。

《秘密》真的拯救了我的人生。跌到人生谷底时,我觉得自己得行动起来了,我读了很多书,这是我的"最后一招"。多傻啊,我应该**一开始**就看《秘密》。这本书给了我很大的启发,我想:即便"秘密"没有其他作用,至少也让我打起了精神,重拾希望。

但是,"秘密"带给我的绝对不只是启发——它拯救了我的人生!并且最棒的是,它改变了我的人生,我的人生变得跟我之前视觉化的一模一样!

进行秘密练习两个月后,我得到了一个面试机会,并且最终在这家很棒的公司里获得了理想的工作岗位。在面试的过程中,我还遇到了一个很好的男人,他就是我理想中的人生伴侣。我总算可以搬出父母家,过上一直以来梦寐以求的独立生活了。从前,我浪费了太多时间,自怨自艾。当时的我没有意识到,其实在我的心中就有一种力量,能够让我获得自己想要的一切。

我非常感谢《秘密》,我不知道没有《秘密》的话,现在的我会是在哪里。

——珍妮·L., 美国密歇根州底特律

每个问题的答案其实就在你的心里,因此自己发掘答案是很重要的。你必须对自己坚信不疑。

——《秘密:实践版》

不论你现在在哪里,一切都可以改变

下面的几个故事里,主人公们都有过非常糟糕的经历和状态、吸毒、无家可归、一事无成、绝望失落……但是，读完《秘密》后，他们都认识到，只要改变自己的想法，或者换句话说，只要改变自己，他们就能改变自己的人生。

化腐朽为神奇

回首过去的岁月，我根本无法相信自己能走到现在。现在，我生活快乐，内心平静！之前的我完全不是这个样子的。过去30多年来，我都看不到自己的好。

小时候，我长期被亲生父亲强奸。我得了癫痫（我想这是我的一种逃避方式）。我被社会遗弃。我的妈妈终生不时进出精神病院，我的家一度就是一辆停在城市垃圾场旁边的破旧旅行车。我吃的东西都是从附近的肯德基垃圾箱里翻出来的。我很早就从高中辍学了，还吸食毒品，过着混乱不堪的生活。

我的生活看上去一片灰暗，我以为我生来就是要受苦、就是要扮演失败者的角色。

我努力得到了一个大学文凭，却发现我根本没办法在同一个地方工作超过三个月。第34次（或多或少）被开除后，我彻底崩溃了，陷入了非常严重的抑郁。我努力想要让自己的生活好起来！我吃了很多种不同的药，百忧解、安非他酮……被医生认为可能会使我正常起来的所有药，我都吃了。但是，一点用都没有。我每天都向上帝祈祷，渴求一死。

然后，我嫁给了一个我根本不爱的男人，因为不然的话我就无家可归了。我不再吃药，只是终日昏睡、看电视——我想把自己和现实隔绝开来。

我的改变，始于我第一次去参加宗教科学派组织的活动（在我姐姐的敦促下）。那里讲的东西和《秘密》讲的东西很像。在那里，我学到了很多很深奥的东西，也学到了很多新的东西，比如"存在即伟大"等，我开始往正确的方向思考。

但是，看了《秘密》后，我才开始真正改变。我一直以来都感到很受挫的一点就是：我赚不到足够的钱，无法自力更生。一天晚上，在看了《秘密》差不多23遍后，我起身，打开电脑，希望宇宙能指引我找到一个有趣的、简单的、高薪的工作。我在搜索栏中输入了"法庭"和"摄像"两个关键字（因为它们是我的兴趣所在），发现了法律摄像这个领域。我非常兴奋！我立马知道这就是我的事业了，我根本不需要搞清楚它究竟是干什么的。

我接受了一定的培训，成了一名有资质的法律摄像师，每小时至少能赚75美元（以前的工作，我只能拿到法律规定的最低时薪甚至更少）。

最近，我从法律摄像业转入了居家护理业，因为后来我发现，要在法律摄像领域继续发展下去的话，需要有公证员执照。于是，我转而投入自己热爱的居家护理领域，帮助老人们过上更好的生活。如果一开始就知道做这一行能赚钱，并且能赚很多钱的话，我肯定最先就干这个了。

于是，我转了行，为老人、残疾人、术后康复者等需要帮助的人士提供居家陪伴和卫生保健服务。我爱我的工作——这份工作特别有意义、有价值！我对所有人都说，我感觉很幸运，能以爱维生！

我生活的其他方面也发生了转变。我不再依靠药物获得快乐，现在每天都很开心！我戒了烟。我每周工作五天，并且热爱我的工作。我离婚了，离开了那个我不爱的人。我现在终于可以说，我爱自己（这对我来说**非常重要**，因为年轻时，我会烫伤自己，甚至因为深深的自我厌恶感而在镜子前一边说着"我恨**你**"一边用尽全力打自己）。

并且，我有一群思想积极的朋友。我热爱生活，我喜欢星期一，我和我的爸爸和解了。我能从最小的事情中找到最大的乐趣：清凉的微风吹拂着我的脖颈，这就足以让我激动流泪！我很难用语言形容我现在的生活有多美好。我健康、快乐、富足、自信、充满活力、勇于承担、乐于相信，并且最重要的是，我对自己生命中的**所有事**、**所有人**都充满**感恩**！我也对《秘密》深怀感恩。谢谢你。

——K., 美国加利福尼亚州

因为悲惨的童年经历，我们很可能会认为自己是没有价值的。如果你不爱自己，不尊重自己，你就是在告诉宇宙：你不重要，你没有价值，你不配拥有好东西。然后，你就会有更多不被人善待的经历——例如被开除34次。如果能改变对自己的看法，改变自己的感受，你就能改变别人对待你的方式。

整个世界和你人生中的每一个细节都彰显了你的内在频率。这种频率每时每刻都在通过你见过的人、情境、事件来向你传达信息。

人生就是你内心的映照。

——《秘密：实践版》

我唯一的机会

我29岁了，和男朋友一起住在澳大利亚墨尔本一幢漂亮的房子里。我的男朋友是警察，我们有一对可爱的双胞胎女儿，分别叫梅琳达和马德琳。

听上去很棒，不是吗？确实如此。但是，我过去的生活没有那么美好。我在一个充满压抑的离异家庭中长大。我的父母在我4岁时就分开了，我的童年很不快乐。很小的时候，我就交了男朋友，希望能得到快乐，希望能弥补童年时的缺憾。但是，我并没有获得快乐，反而愈加感到失望、痛苦。

24岁时，我的生活跌到了底端，我甚至想到过自杀。我分手了，身无分文，抑郁悲观，和我的妈妈生活在一起，没有工作。

有一天，我走进了一家商店，店主给了我一张《秘密》DVD。我回家后看了《秘密》，同意其中的原理法则，但我只是想了想"这挺不错的"，然后就把这张DVD和其他DVD归拢到了一起。

生活依旧痛苦难熬，一天，我觉得实在是撑不下去了。就在那时，我意识到，也许秘密是我获得快乐的最后一个机会。我开始应用秘密的法则。我下定决心，想好自己究竟想要什么，做了一块愿景板，然后开始像已经梦想成真了一样去生活、去感受、去行动。一开始，不怀疑、不担心这一切将"如何"发生是很难做到的。但我还是坚持了下来，心怀感恩。我每天都写感恩日记，对一切都心怀**感恩**，就像我已经拥有了它们一样。

那时，我住在悉尼，想要换个地方重新开始。我也想找个男朋友，找份自己喜欢的工作。

我遇到了一个来自墨尔本的男人，我们一拍即合。一切都发生得那么快，出乎我的意料。因为他要回墨尔本，而我住在悉尼，我们只能靠电话、邮件、短信联系。我们每天都通电话。仅仅四周后，他就问我是否愿意去墨尔本跟他一起生活。虽然我们在一起时间不长，但是我们俩之间的感觉是对的，所以我同意了。

去了墨尔本之后，我就联系职业介绍所，想找一份工作。我之前就写下了自己对工作的期待，并且应用了秘密的原理。一开始，我做了几份临时性的工作，后来，我得到了一个非常棒的全职工作机会，这个工作满足我的一切要求，是我做过的最好的工作。

我还从秘密网站上下载了支票，贴在我的愿景板上。我每天都看着它，仿佛已经得到了这笔钱，感觉非常好。不久后，我的爸爸打来电话，他兴奋地告诉我说，他买彩票中奖了！他说他要给我一笔钱，然后就给我寄来了一张5,000美元的支票！

对于男友和工作，我都非常满意。我喜欢墨尔本，喜欢我们的小家。然后，下一个被我贴在愿景板上的就是关于孩子的了。我特别想要孩子，并且想要一对双胞胎女儿。我从杂志上剪下新生双胞胎女宝宝的照片，贴在了愿景板上。我还提前买好了孩子的衣服，每一样都买了两件。我利用秘密的法则，感觉自己想要的已经成为现实。

搬到墨尔本不到八周，我就怀孕了。我有严重的孕吐症状，感觉很难受（我忘了求一个顺利的孕早期！）。怀孕12周时，超声检查证实，我怀了一对双胞胎！我的男朋友很惊讶，但我知道，这是秘密带给我的礼物。此后，我在纸上写下，我希望怀孕期间能健康、快乐（这实现了）。我得到了我要求的一切：顺利的孕期，38周自然生产，一对健康的双胞胎女儿。

我现在正在（远程）学习，希望能得到社会工作学位（我要求了，我相信一定会得到）。我有很多好朋友，我很快乐，经济上也不用发愁。一直有很多很棒的小事不断发生在我的生活中，我知道，这是因为我一直在应用秘密。

秘密改变了我的生活。使用它，你的生活也能发生改变。

—— 贝琳达，澳大利亚墨尔本

贝琳达下定决心，知道自己真正想要什么，放下疑虑和担心，使用自己从《秘密》中学到的各种方法——包括使用宇宙银行的支票、做愿景板、写下心愿、写感恩日记等——改变自己的人生，摆脱负面思维，成为一个充满正能量的人。

你通过自己的想法和感受进行创造，只有你自己才能产生属于自己的感受。

——《秘密：实践版》

秘密把我从街头拯救了出来

我这一生中有10年的时间在吸毒、酗酒、出卖肉体,其中最后的三年里,我无家可归,丧失了生的希望。然后,在一次参加互助小组活动的过程中,有人给了我一本《秘密》。毫不夸张,应用秘密六个月后,我的生活发生了天翻地覆的变化。我戒了毒,也戒了酒;我重新找回了女儿和家庭。我找到了工作,成了那个我参加互助小组、读到《秘密》的地方的推广人员。

四年后,我的生活依旧很美好。我刚刚打开邮箱,发现我得到了一份长期以来梦寐以求的工作。我和女儿的关系非常好,我们已经一起生活了三年。我的生活棒极了。

发自内心地说一声,谢谢。

——西娅·C.,加拿大维多利亚

一切为你

上面这些故事里的主人公早年都有过不幸的经历。但是,对其他人来说,他们可能过着顺风顺水的生活,却突遭变故,深受打击。难过困顿时,你一定要告诉自己,所有事——所有的一切——都是**为**你而来。

每个消极的事物里都隐藏着美好的一面。如果我们能去其糟粕,取其精华,那么就能化消极为积极。

——《秘密:实践版》

也许,就像下面这个故事里的凯特一样,你丢掉了工作,并且丢掉了自信。不论如何,一旦开始怀疑自己,你就会吸引到更多消极的东西。

全新的开始

我原来是一家电视公司的部门经理，突然，我莫名其妙地失去了工作。作为家里的主要经济来源，我知道我必须尽快找到一份高薪全职工作，不然家里的经济就要出问题了。

我是个很积极的人，但是突然的失业确实给了我很大的打击，让我失去了自信。我知道，我之所以失去工作，是因为工作岗位减少了，不是因为我个人能力的问题。但不论如何，我就是有种**感觉**：我之所以失业，是因为过去把什么事情做错了。

找工作三周后，我在《观察家》上看到了一篇对《秘密》的书评。我感觉自己会喜欢这本书，于是就在心中记下，等书出版了要去买一本。但是，这本书和其他许多事情一样，被我抛在了脑后。

然后，"机缘巧合"之下，我和《秘密》重逢了。一次失败的面试结束后，我在回家的地铁上拿起了一份别人留在那里的《伦敦标准晚报》，上面有一段《秘密》节选。我那天过得很不顺利，这仿佛是上天助推了我一把。于是，一下地铁，我就马上找了一家书店，买了一本《秘密》。

一回家，我就立马开始阅读，并且开始视觉化训练。我告诉宇宙，我已经准备好接收了。下午5点半，我刚读完书（还没把书放下呢），电话就响了起来，是一家公司的副总经理——不是助理，不是招聘官，而是副总经理。他问我是否可以明天早上9点半到公司接受他和CEO的面试！

我很兴奋，很激动。我跑出家门，到车站接我的伴侣，第一时间和他说了这本书和我刚接到的电话的事情。回家路上，一个很久没见的朋友突然冒了出来，她在一家意大利餐馆工作，邀请我们那天晚上去她的餐馆喝香槟——没有什么特别的理由。

那天晚上，我进行了视觉化练习：去面试的路上很顺利，面试成功，我得到了那份工作。去面试的路上确实很顺利，往常路上车都很多，但是那天道路很通畅。面试很成功，虽然花了很长时间。第二天我就接到了录用通知，我的福利待遇比之前的工作提高了20%！

我在那个岗位上开开心心地工作了五年，然后跳槽了。《秘密》一直都躺在我的书架上，直到有一天，和我共同生活了九年的伴侣突然离开了我。我崩溃了。在我的心中，我能感觉到我们的感情并没有结束。我把《秘密》从书架上拿下来重读。我还买了《秘密》影片，每天上下班的路上都会看，还想象着我们俩在一起幸福地生活着。

视觉化的过程是很艰难的。我感觉我们不应该分开，但也不知道这是为什么。

离开15个月后，我的伴侣回家了。这实在是太棒了。我们重修旧好。我工作遇到难题时，他陪在我身边。七个月后的一天，深夜1点钟，我终于知道为什么我打心眼里一直知道他一定要在家了。

没有任何预警或迹象，我心脏病发作，心脏停搏。

医护人员到达前，他给我做了心肺复苏。此后三天，我处于诱发性昏迷状态中，他一直陪在我身边照顾着我，直到我**完全**康复。

我知道，视觉化的过程中，我看到了他在家。我相信自己的感觉。现在呢？《秘密》又一次起了作用。看到，相信，让一切发生。

心脏停搏后，我知道，我的生活需要变一下了。我还全职做着电视制作人的工作，我喜欢这份工作，但是与此同时，我也在接受训练，努力成为临床催眠治疗师和认知行为治疗师——这两件事我一直都想做，但是之前一直以为自己不行。

　　我看到了，我视觉化了，我抽出时间参加了相关基础课程和专业课程的学习（利用晚上和周末的时间），我不断练习，取得了资质。

　　我和我的伴侣现在还生活在一起，我们养了两只怪脾气的11岁的老猫、一只九个月大的可爱狗狗。

　　《秘密》确实有用：微笑吧，你不能悲伤。感恩，感谢，为你的生活创造更多的美好！

——凯特·L.，英国伦敦

　　凯特每次视觉化，宇宙都会做出反应，把她想要的送到她的生命中，包括让她的伴侣回家。我们不能无视别人的自由，为别人做决定，所以，凯特的伴侣肯定自己也想回家。他们真的很般配！

站在人生的十字路口上

我的心中有股冲动——我要分享我的故事,我的过去和现在。我现在内心充满安宁,因为我知道,我是自己人生故事的创造者,我可以改变自己的人生。现在,我的心中也充满了感恩,这是我之前从来没有过的。

我今年31岁,成功戒掉了海洛因和可卡因。

三年半前,在很多人的眼里,我过着幸福美好的生活。我找到了毕生所爱,有了我的儿子特文——我见过的最正能量、最帅气的人。我住在漂亮的房子里,有两辆很好的车和一辆哈雷。我的生活就是很多人口中的"美国梦"。

因为对自己生活中的美好缺乏感恩,我"失去了一切",或者说,我"弄丢了一切"。我们经常听到这样一个说法:"失去后才知道自己拥有过什么。"在我看来,我们一直都知道自己拥有什么,只不过,失去后才懂得感恩。

回首往事，我很惊讶，我之前竟从未有过成功的感觉。是的，我很善于获取物质财富，但是我从来没有花时间欣赏过那些真正重要的东西——我的能力和我所处的好环境。对于那些帮助我创造这一切的人和那些摆在我面前的好机会，我毫不感激。

我现在很感恩，在放弃了曾经热爱并为之奋斗的一切后，我对人生有了新的思考和想法。像其他人说的那样，我一切都"从头来过"，也真正看到了自己是多么幸运。

我被关了一年，然后出狱了。我是私藏海洛因和可卡因的重罪犯。你看，我不仅对生命中的一切毫不感恩，还觉得自己可以一边吸毒一边享受着这一切。

被关起来后，前六个月里，我一直埋怨其他人，埋怨我所处的环境，认为是这些人和事造成了我的堕落。后来，我读了《秘密》，开始审视自己的内心，改变自己。在我最需要的时候,这本书进入了我的生命。那时候,我站在人生的十字路口上,摆在面前的是两条截然不同的道路。

我曾经四次吸毒过量,差点死亡;我得过一次肺栓塞;我在监狱里待过一年。现在,我要说,谢谢。我要感谢打造这本书的优秀团队,谢谢你们带来了《秘密》;我也要感谢宇宙,谢谢你为我带来了我所要求的一切。虽然我要求的东西并不怎么好,但你还是把它给了我。我很感谢,我有了继续活下去的机会。我很感谢,我有机会提出要求,让自己的生活对起来、好起来。

如果你够勇敢,敢于直面自己——面对你吸引来的一切,《秘密》就能为你带来改变,带你开始一段美妙的旅程。我就是最好的例子。我只希望其他所有人都能感受到我现在感受到的乐观与感恩。

——埃弗里·H., 美国犹他州盐湖城

感恩:改变生命的力量

对一些人来说,感恩是自然而然的。但是,对另一些人来说,他们需要花更长的时间才能领略到感恩在吸引力法则中所发挥的重要作用。不论你所处的环境多么恶劣,不论你遇到了怎样的问题,练习感恩,你总能摆脱困境,找到解决问题的方法。

理解感恩的真意

我不知该怎么解释这一切。我一直想搞清楚,《秘密》中说的对你已经拥有的和想要拥有的一切心怀感恩是什么意思。我不知道自己能不能做到。我买来了书和CD,此后的两周里,我反复读书、听CD。我迫切地想要搞清楚书里说的是什么意思,希望能改变自己的人生。那个时候,我没有意识到,只有对自己已经拥有的和想要拥有的一切感恩,才能接收到来自宇宙的馈赠。

有一天早上,一切都变了。那天,我被闹钟吵了起来,为不得不早起而恼怒难受。然后,突然,我决定转变自己的心情,让自己快乐起来。我起床,来到院子里,感到清风吹拂着我的脸庞,草儿在我脚下生长。我开始说谢谢。感谢宇宙让我成为我自己,感谢宇宙给了我房子、家庭和一切。然后,我对自己能想到的一切都表达了感谢。此后两天里,我也这么做了。我终于明白了,对周围的一切深怀感恩是一种怎样的感觉。

要心怀感恩,我不用停下正在做的事情。我只是感觉到,感恩、快乐、爱在我的心中荡漾。我之前很容易生气上火,但是,发现了《秘密》后,特别是对一切感恩后,我很少发火了。碰到什么糟心事时,我会马上把自己拉回到正确的轨道上来,因为,我记得,只有在感恩、快乐、爱的频率上,我才能接收到自己想要的一切。

这种感受——这种对一切深深感恩的感受——充溢我的整个身心。我希望所有人都能拥有同样的感觉。整个世界都在放光。我经常看到蝴蝶在我的花园里飞舞。我充满感恩,为那在窗外歌唱的鸟儿,为那穿过发丝的清风,为了我将要获得的一切,为了我已经拥有的一切。我终于懂得了,对周围的一切感恩,就能在内心中感到平静与爱,就能吸引来自己想要的一切。

——伊丽莎白·M.,美国加利福尼亚州圣迭戈为了创造明天，请在入睡前躺在床上回顾今天，感恩所有美好的时刻。……在入睡之际，对自己说："我会睡一个安稳觉并精力充沛地醒来。明天将是我人生中最美好的一天。"

——《秘密：实践版》

感恩如何拯救了我的人生！

我之前工作压力很大，不停地加班，总是超负荷工作。我被工作压垮了，出现了间歇性焦虑与恐慌症状，发作时，我头晕目眩，心跳加速。一踏进办公室，我就会浑身颤抖、头痛欲裂，恐慌发作。我把自己封闭了起来，不和家人与朋友交流，不再社交、运动、保健。

我无法控制自己焦虑的身体和大脑，它们让我感到不知所措。焦虑深深地影响了我生活中的方方面面。我特别不开心，看不到任何出路，甚至计划着自杀。

还好，有个东西阻止了我，让我停下来，重新思考人生。

我看了《秘密》，对宇宙的强大力量深信不疑。我还去买了《魔力》这本书，每天进行感恩练习。

开头是艰难的。但是慢慢地，一切轻松了起来，我的生活也发生了转变。一开始，变化是细微的：一条来自朋友的有爱的短信、一句令我高兴起来的赞美、一次快乐的社交活动等。后来，大事渐渐地发生了。

第10天，在没有任何提前通知的情况下，我的老板突然让我带薪休假几天，缓解工作带来的压力。第20天，我想清楚了，我知道自己究竟想从事怎样的工作，并且我所在领域的相关工作机会也开始显现出来。我勇敢地递交了辞呈，离开了那份充满压力的工作，再也没回过之前的办公室。

第24天，我知道，秘密拯救了我的人生。在这段安静休养的时间里，我充满感恩，我想清楚了自己想要怎样的生活，向宇宙提出了要求。我相信我想要的一切都会实现，它们就在来的路上。

曾经，我濒临崩溃，满心绝望。现在，每天早上醒来后，我都满心欢喜，对自己拥有的一切充满感恩。

在阅读和践行《魔力》的第28天，我得到了心仪的工作。新的公司、新的工作职务符合我之前列出的所有条件，并且，我的薪水和之前我在宇宙银行支票上写下的**数字一模一样**。收到正式的录取通知后，我浑身上下都起了鸡皮疙瘩。我不敢相信，我向宇宙要求的一切都成了现实！

谢谢，谢谢，谢谢！

——奥利维娅·M.，澳大利亚堪培拉

你想要的一切都是你的

下面几个故事的主人公们发现，不论你想要的是什么，宇宙都会让你心想事成。

奇迹不断发生！

遇到《秘密》时，我的生活一团糟。

那时候，我的情绪、精神都崩溃了，深陷酒瘾、烟瘾等各种瘾中，和别人的关系也很混乱。我当时和姐姐住在一起，她中风后，未婚夫和她解除了婚约。她瘦了很多，身体特别虚弱，看上去都快撑不下去了。

第一次看完《秘密》后，我快乐地哭了出来。小时候，我一直知道，我有能力塑造自己的人生。但是，后来的我渐渐失去了这种能力。

从那天开始，我的生活慢慢变好了。

我应用秘密的法则，来到了一个新的城市生活，搬进了漂亮的新房子，戒掉了毒瘾。

并且，在秘密的帮助下，我还：

- 让自己的工资翻倍。

- 戒烟成功，在做了23年老烟枪之后。
- 治愈了自己的情绪问题。
- 把我自己从对酒精、物质、关系的瘾中解放了出来。
- 开创自己的事业，圆了过去那么多年的梦。

更重要的是，我对自己的转变深感自豪：我把痛苦转变成了一种力量。现在的我强大、勇敢、快乐，对生活与爱充满感恩。

我的姐姐也在逐渐恢复。现在，我正在利用秘密的法则吸引爱情。

我爱宇宙，我爱我的人生，对于秘密已经带给我的和将要带给我的所有奇迹，我心怀无限感恩。

——L.拉尔，印度浦那

先在你自己的心中让梦想成真吧，完完全全地沉浸其中，然后，它就会变成现实。一旦你彻底沉浸其中，就能吸引来实现梦想所需的一切。

这就是吸引力法则。你生命中的所有创造都源于你的内心。

——《秘密：实践版》

我最大的梦想实现了！

我做了20年单亲妈妈。我总是在担心钱的问题。我从来没有旅游过，也没有自己的房子。我最大的梦想就是有朝一日能去英国旅游。我从来没有离开过北美，我希望第一次出国旅游就去伦敦。我也想有座房子，过上富足轻松的生活。但是，过去很多年来，我根本不知道这一切该如何实现。

然后，我遇到了《秘密》。我很喜欢这本书，因为它鼓舞了我，给了我希望，让我知道我有能力彻底改变现状。我还买来了《力量》和《魔力》。我开始只关注自己爱的东西,并且每天进行感恩练习。

我想让我的身、心、精神都充满爱、感恩、信念。我在心底深知,坚持才是关键。我坚持读书,坚持观看《秘密》影片,坚持感恩练习,不断增强信念。

秘密确实起了作用。每每想到秘密为我带来的一切,我都会热泪盈眶。

随着时间的推移,我不断提高感恩练习和视觉化练习的强度。我每天练习两次——早上醒来后,晚上睡觉前——并且一口气坚持了30天。

结果如何呢?六个月之内,我的生活中发生了以下这些可喜的变化:

- 我的儿子大学毕业了,他找到了理想的工作,开始了独立的生活。看到他这么健康、快乐、成功,我真的是太满足了。

- 我的年薪涨了3万美元。
- 我做副业还赚了一笔钱。
- 我成功获得贷款，给自己买了套全新的公寓，还买了一个地下停车位。
- 我用信用卡预订了去伦敦和巴黎的旅行，我知道，涨工资后，我能在六个月内还清这笔钱。
- 我把原来的家具都给了儿子，通过未来三年分期付款的方式为新房子配备了新家具。
- 我买了一辆吉普车，未来六年分期付款。
- 我妈妈在萨斯喀彻温省艾伯特亲王城的一家赌场里买彩票赢了115万美元！她很大方地把其中一部分钱分给了子女们。我还清了债务，去欧洲旅行的钱、吉普车的钱、新家具的钱，一下子都还清了！除了房屋贷款外，我无债一身轻。我存起了一笔钱，还留下了一些钱供日常消费。

- 更棒的是，在我妈妈买彩票中奖两个月后，我的叔叔（也是我的教父）在艾伯塔省梅迪辛哈特的一家赌场里赢了140万美元！
- 我决定去纽约玩一趟，实现多年的梦想。
- 我自己的每个愿望都实现了，并且，更棒的是，我的儿子和我的妈妈也都生活得快乐、成功。天哪，这种感觉太棒了！

我的生活一直都这么充实。我生活幸福，到处旅行。我和我的儿子关系密切，我见证了他的每一步成功。真是太好了！

我太感谢你了，朗达！你帮助我改变了自己的人生。谢谢，谢谢，谢谢！

——金·S.，加拿大

我们无法控制生活中发生的每一件事，因为你的生活里还有很多其他人，我们无法控制其他人的行为。但是，就像下面这个故事里的夏洛特所说的一样，事情发生后，我们可以控制自己的反应。

战胜悲痛

过去12年里，我失去了很多：我的妈妈、四个叔叔、两个阿姨、四个家族好友、两只心爱的宠物都去世了。我最近一次遭遇死亡，是在这个春天里，我14岁大的心爱的小猫雷尼不幸去世。现在，我的家人里只剩下87岁的爸爸和一个姐姐了。

遇到《秘密》前，如果有人告诉我，我会在这么短的时间里失去这么多重要的人，我一定会彻底崩溃。确实，死亡发生时，我悲伤难过，孤独落寞，心碎不已，痛哭不止。并且，一些亲人刚去世时，我还有焦虑、抑郁症状。

但是，幸好有《秘密》和吸引力法则，每一次，我都可以比较快地战胜悲痛，重返正常生活。虽然在经历了这么多悲惨事件后这可能听上去有点奇怪，但是，这几年与以往相比，我确实更会享受生活了！我感觉自己变得更强大了，我的生活也变得更加丰富多彩、快乐有趣。

《秘密》给了我很大的启发，因为它告诉我，我不必成为外界环境和自己情绪的奴隶。之前的我以为，我们控制不了发生在自己身上的事情，也控制不了自己在事情发生后的反应。我一直都很害怕，担心下一场灾难何时发生，担心下一场打击将会让我情绪失控。过去，我把自己的快乐建立在别人做的或没做的事情上。当我知道虽然控制不了别人，但我能控制自己对别人所作所为的反应后，我感觉豁然开朗！我也意识到，我可以通过自己的思想和情绪吸引来不同的东西，掌控自己的未来。

我知道，我没法阻止老人和宠物的死亡。但是，《秘密》告诉我，我可以掌控自己的反应。我可以情绪崩溃，陷入对过去的回忆，做无用的挣扎；也可以冷静地让他们离开，接受他们的死亡，面向更美好的未来——这些都由我做主。这种感觉实在是太棒了！

每当亲人去世或遭遇困境时，我都会重读《秘密》，补充能量，找回生活的力量和热情。每一次，《秘密》都有效地帮助了我。当然，这不是一夜之间就能做到的，但是，我知道，如果没有《秘密》，就不会有现在的我。

——夏洛特·B.，加拿大安大略省

在本书中，人们分享自己的故事，是为了鼓舞**你**，让**你**振作起来。有些故事里讲到了苦难。但是，正如你所看到的那样，往往是苦难越深，彻底改变人生的动力就越强。新生从灰烬中焕发。

改变从来都不会太晚；没有什么问题是解决不了的。总还有机会。并且，好消息是，你并不需要改变世界。改变你的想法，改变你的感受，世界就会在你眼前发生改变。到那时候，鼓舞、激励着别人的，是**你的**故事。改变自己，你就能改变世界。

带着秘密的力量前行

22岁时，我如愿以偿，成了一名职业摔跤手。虽然我要从头开始，一步步证明自己的实力，但是我心怀梦想，希望有朝一日自己能闯出一番天地。从12岁起，摔跤就是我的一切。我喜欢摔跤练就的体格。我喜欢在摔跤的过程中不断学习。但是，作为一名摔跤手，我的工作环境与我想象的不大一样：这个新世界里充斥着对人身体上和精神上的侮辱，人们以打击别人的意志为乐。

慢慢地，我自己都没意识到，我变得越来越消极，失去了希望。我失去了信心，因为我周围的环境里充满了消极的气息，因为我自己的内心中也充满了消极的想法。我没有放弃，我不会放弃的，我奋发反击，想要扭转局面。但是，我一次又一次地被打倒。

那时候，我以为事情已经没法变得更糟了，但是，当然，这还没完：我转到了另一个城市，在那里度过了我职业生涯中最难熬的一年。我在摔跤方面取得了进步，但是在心理上，我彻底输了。我失去了目标，不知何去何从。我看新闻抑郁，去健身房也抑郁。我整夜整夜地和别人喝酒，但是，起床后，我只会更加抑郁。消极完全控制了我的世界。我每晚都会做噩梦,梦见自己被开除。

一次训练时,我和我的好朋友帕特在一起聊天。帕特是个拿不到报酬的替补队员,他努力训练,希望获得签约,拿到报酬,就像我一样。那一天,我们一起做着伸展和热身活动,为后面的训练做准备。我跟他抱怨说:"我猜我今天就要被开除了。"他看着我,对我说:"你才不会被开除呢。你是这里最厉害、最有潜力的摔跤手。"即便如此,负面情绪还是笼罩着我。

那天晚些时候,所有人都听说了一个传言,据说俱乐部要和三个人解约。紧张激烈的训练结束后,我郁郁寡欢地回到家里,想要小睡一觉,借此逃避问题。醒来后,我收到了一条来自老板的语音信息。我被开除了。

我感到羞愧万分,我丢掉了自己一直以来梦寐以求的工作,我这次可是真的跌到谷底了。我搬到了我之前认识的一个女孩家里,最后在一家饭馆里找了份工作。我每周在饭馆里工作15～16小时,我挺喜欢这个工作,但也很怀念摔跤的日子。后来,我帮帕特也在这里找到了工作,感觉稍微好了一些——

至少，我还有个人能一起说说我们的摔跤梦和我们的失败。

我放任自己，让酒精和口嚼烟控制了我的生活。

每晚工作结束后，我都会买一瓶伏特加，坐在那里慢慢喝光。一开始，这好像还没什么问题，因为我是在和我的女朋友一起喝。但是，后来，我们分手了，我陷得更深了。我弄丢了工作，也没有女朋友。我从她漂亮的大房子里搬了出去，住在一个小单间里，没有电视，只有一张破破烂烂的床和一个沙发椅——这个沙发椅还是前女友因为可怜我而借给我的。我觉得很丢人，所以我不和父母通电话，差不多两年没回家。

帕特对我的生活方式感到很担忧。他也分手了，所以我们决定在打工的饭馆附近一起找一个便宜的小公寓。我们希望有朝一日能继续追逐我们的摔跤梦。一天工作时，一个很久没见的老友来到了我打工的餐馆里。看到我沦落到这种境地，他很难过。离开之前，他跟我说，他读过一本叫《秘密》的书，这本书帮了他很大的忙。他给了我点钱，对我说:"今天就去买来这本书吧,它肯定能帮到你。"我想,反正看书也不会有什么坏处,于是就买了《秘密》。那晚回家后,我就一口气看完了整本书。我立马被吸引住了!我深受触动。小时候,我确实不自觉地应用了其中的很多原理,但是,长大后,我丢掉了那种"我能行"的积极心态。我重读了一遍书,然后跑出去买来了《秘密》DVD,并找来了一块愿景板,在上面贴满我的目标。

帕特那天上晚班,回家后,我跟他说起了《秘密》。他立马表示出了强烈的兴趣。我猜他肯定是看出了我内心的觉醒。帕特看了电影,读了书,也做了一块愿景板。公寓里充满我们对未来的视觉化:贴满了鼓舞人心的图片和海报。

此后不到一个月,帕特让我跟他一起去参加一个摔跤活动,以期重返专业赛事。我同意了,我们回来了。一切都很有趣,我自己也很积极。我们还在饭馆里打工,但是,我们的精气神不一样了。

一天,看《终结者2》时,我突然被触动了。我感觉我就是施瓦辛格!我强大有力、不可战胜。我经历得够多了,可以成为终结者一样的角色了。于是，我赋予了自己一个新的身份。带着《秘密》给我的力量，我准备好了，我要向我的梦想发起第二轮进攻。

长话短说吧，我打动了原来的老板，找回了之前的工作。过去，我一直在指望着未来，但是现在，我感到我想要的一切都已经实现了！

后面还发生了很多很多，但是，在这个故事中，最重要的就是：一个叫瑞安·里夫斯的12岁男孩有一个梦想，他想成为职业摔跤手。他迷失过，但是他发现了《秘密》，找回了自己，实现了梦想。现在，他成功了，成为享誉全球的美国职业摔跤超级巨星"大块头"莱贝克！

帕特现在拥有两家职业摔跤公司、两家摔跤培训学校，取得了非凡的成功。七年前，我们还住在拥挤、破烂的公寓里，心情抑郁，失落低迷。《秘密》的力量实在是太神奇了！

——瑞安·R.，美国内华达州拉斯维加斯

我们的自然状态就是快乐。产生负面的想法、消极的语言和痛苦的感觉是需要花费大量精力的。获得快乐最简单的方式就是存善念,说善言,行善事。行动起来吧。

——《秘密:实践版》

获得自己想要的一切,这些都需要你内心的力量!外在的世界是一个效果的世界,是我们自己思想的产物。想想快乐的东西,让自己快乐起来。释放自己的快乐,用尽所有的力气把这份快乐传送给宇宙,然后,你就能在尘世间感受到真正的天堂。

改变人生的秘诀

- 你值得拥有生命中的一切美好。不论你想要的是什么,宇宙都会给你。

- 善待自己,以你希望别人善待你的方式。

- 以消极的心态看待自己,你就会吸引来消极的东西。

- 人生就是你内心的镜像映照。

- 你生命中所有的创造,都始于你的内心。

- 先在心中让梦想成真吧,然后,它就会变成现实。

- 一切事情都是为了你而发生,虽然有时候看起来可能不是这样。

- 不论你遇到了怎样的困难,感恩,你就能找到克服困难的方法。

- 重要的不是发生了什么,而是你对于已经发生的事情做出了怎样的反应。

- 改变从来不会太晚——改变你的思想,改变你的感受。

感谢

很荣幸有机会在此向以下所有为这本书提供了支持、做出了贡献的人表达我最衷心的感谢。

感谢亲爱的读者们为了帮助、鼓励其他人而积极投稿,与我们分享了你们的秘密故事。我衷心地感谢你们。同时,我也感谢所有在秘密网站上分享自己故事的人,谢谢你们!

这本书是由一个团队合力打造的,自始至终,我们的合作都非常愉快。我要感谢秘密团队的成员们,感谢他们的奉献与付出。我们这个团队不大,但是每个人都很厉害。在编辑方面,感谢保罗·哈林顿、斯凯·拜恩与我并肩工作,完成了这本书的创作。他们对本书倾注的心血不比我少。并且，我还要感谢我们的CFO、"大骗子"格伦达·贝尔，以及"大好人"唐·泽伊克、社交媒体大师乔希·戈尔德、秘密网站的编辑和我亲爱的朋友马西·科尔通-克里利。感谢你们每一个人！

本书的封面与内部设计方面，我要感谢才华横溢的艺术家、《秘密》创意总监尼克·乔治。此外，也很感谢阿特里亚图书（Atria Books）的艺术总监艾伯特·唐，他和尼克一起设计了本书的封面。

感谢西蒙与舒斯特出版公司（Simon & Schuster），特别要感谢西蒙与舒斯特出版公司旗下的阿特里亚图书。感谢阿特里亚图书的总裁、我的澳大利亚老乡朱迪丝·柯尔，以及阿特里亚图书的给力团队：莉萨·凯姆、达琳·德利洛、拉凯什·萨蒂亚尔、罗恩·勒、金伯利·戈尔茨坦、佩奇·莱特尔、吉姆·蒂尔、伊索尔德·索尔、E.贝丝·托马斯、卡莉·佐默施泰因、达纳·斯隆以及作家朱迪丝·克恩。非常感谢你们每一个人！

感谢西蒙与舒斯特出版公司的CEO卡罗琳·里迪——感谢你！

感谢我们的法律团队：格林伯格·格卢斯克律师事务所的邦尼·埃斯凯纳齐、朱莉娅·海、杰西·萨维尔，以及阿特里亚图书的埃莉莎·M.里夫林。

过去10年来，我从许多精神导师那里学到了很多，对人生有了新的认识。我要特别感谢的是我一直以来的心灵导师与好友安赫尔·马丁·贝拉约斯，以及在这本书的创作过程中对我的精神产生深远影响的老师鲍勃·亚当森（我爱你，鲍勃）、罗伯特·亚当斯、戴维·宾厄姆。

感谢我的家人：我亲爱的女儿海利·拜恩、斯凯·拜恩；我亲爱的姐妹保利娜·弗农、格伦达·贝尔、简·蔡尔德；彼得·拜恩、奥库·登、凯文·麦凯米、保罗·克罗宁；以及我可爱的外孙女萨万娜、外孙亨利。有你们在身边，我感到非常幸运。

感谢我亲爱的老朋友们，虽然每次见面或聊天时我总是一门心思地说着自己在精神方面的感悟，但是你们一直对我不离不弃：伊莱恩·贝特、马克·韦弗、弗雷德·纳尔德、福里斯特·科尔布、安德烈娅·基尔、凯西·卡普兰。我也很感谢所有在生意上有所往来、让我的生活变得更好的人：罗伯特·科特、凯文·墨菲、涅金·赞德、达尼·皮奥拉、我的个人助理帕梅拉·范德福特、艾琳·兰德尔、埃利吉亚·特鲁希略。

  最后，我想说，如果没有我的女儿斯凯·拜恩，就不会有这本书。她不仅参与了本书的编辑等相关工作，还促成了整个出版项目的启动，并且在每一个环节中她都积极推动，指导本书最终诞生。这本书是我们出过的所有书中最棒的一本——因为，这本书里的主人公和你一样。

书中人物索引

非洲

艾伦，肯尼亚内罗毕　《薪资翻倍！》

亚洲

蒂娜，中国香港　《我变得无比强大》
L. 拉尔，印度浦那　《奇迹不断发生！》
萨米塔·P., 印度孟买　《收获一个可爱的女宝宝》
恩妮，马来西亚吉隆坡　《奇迹》

达雷尔·B.，新加坡 《希望》

澳大利亚、新西兰
贝琳达，澳大利亚墨尔本 《我唯一的机会》
约翰·佩雷拉，澳大利亚悉尼 《与史提夫·汪达同台演唱》
卡伦·C.，澳大利亚悉尼 《秘密拓展了我人生的疆域》
奥利维娅·M.，澳大利亚堪培拉 《感恩如何拯救了我的人生！》
格伦达，新西兰 《致我亲爱的母亲》

加拿大
夏洛特·B.，加拿大安大略省 《战胜悲痛》

杰茜卡·T., 加拿大不列颠哥伦比亚省温哥华　《美好的治愈》
达拉斯·C., 加拿大马尼托巴省温尼伯　《两周后开始新生》
金·S., 加拿大　《我最大的梦想实现了！》
富足太太，加拿大安大略省渥太华　《写一张你自己的支票》
罗兰·C., 加拿大纳奈莫　《有志者事竟成！》
西娅·C., 加拿大维多利亚　《秘密把我从街头拯救了出来》

欧洲

安德烈娅，爱尔兰　《愿景的力量》
埃万耶利娅·K., 希腊雅典　《出其不意的真爱！》

米基,瑞典 《崭新的开始!》
尼娅,德国 《我相信!》
萨布丽娜,丹麦 《在宽容中得以治愈》
特蕾西,西班牙加那利群岛 《改变我人生的秘密!》

中东
米雷耶·D.,黎巴嫩 《我如何得到了梦寐以求的工作》

英国
埃米莉,英国伦敦 《妊娠并发症也有圆满结局》
海伦,英国利物浦 《来自宇宙的邮件》

简·J.，英国伯克郡阿斯科特　《相信最好的结果》
K.，英国伦敦　《一次大胆的试镜》
凯特·L.，英国伦敦　《全新的开始》
梅利卡·P.，英国埃塞克斯　《朋友给的一点帮助》
丽贝卡·D.，英国伯明翰　《死而复生》
丽贝卡，英国伦敦　《如何卖房子》
吉，英国伦敦　《单身的姑娘们看过来！》

美国
埃米，美国阿肯色州马格诺利亚　《与父亲和解》

黛安娜·R.，美国亚利桑那州菲尼克斯　《现世报》
亚历克斯，美国加利福尼亚州洛杉矶　《秘密改变了我们一家的生活》
安比卡·N.，美国加利福尼亚州洛杉矶　《绿卡奇迹》
切尔西，美国加利福尼亚州旧金山　《钱来得又快又容易！》
伊丽莎白·M.，美国加利福尼亚州圣迭戈　《理解感恩的真意》
海迪·T.，美国加利福尼亚州奇科　《快乐的力量》
K.，美国加利福尼亚州　《化腐朽为神奇》
凯西，美国加利福尼亚州旧金山　《空椅子》

拉尼·R.，美国加利福尼亚州 《小东西》
劳伦·T.，美国加利福尼亚州拉古纳比奇 《心脏的奇迹》
露辛达·M.，美国加利福尼亚州 《巨型肿瘤不见了！》
塔米·H.，美国加利福尼亚州富勒顿 《永远不要放弃爱》
特里西娅，美国加利福尼亚州布伦特伍德 《提一次要求，然后顺其自然》
奈特·A.，美国科罗拉多州科罗拉多斯普林斯 《医生说这是个奇迹》
赞恩·G.，美国科罗拉多州普韦布洛 《意外之喜》
阿曼达，美国康涅狄格州 《一枚硬币改变一切》
安吉，美国佛罗里达州劳德代尔堡 《再见，消极的南希》

安妮特，美国佛罗里达州　《讨厌每一份工作》
纳塔莉·F.，美国佐治亚州萨凡纳　《检查一下时间》
帕特，美国佐治亚州　《天降金钱》
琳赛，美国伊利诺伊州芝加哥　《发挥作用》
凯利，美国印第安纳州　《一无所有时，你还有秘密！》
亚娜·F.，美国马里兰州巴尔的摩　《理想的工作》
贾森，美国密歇根州　《我有段时间已经不信了，后来……》
珍妮·L，美国密歇根州底特律　《谷底》

玛尔塔，美国密西西比州　《泡泡眼》
瑞安·R.，美国内华达州拉斯维加斯　《带着秘密的力量前行》
卡萝尔·S.，美国纽约州锡拉丘兹　《警钟》
汉娜，美国纽约州纽约　《我人生中最棒的一年》
希瑟·M.，美国纽约州布法罗　《新的房子，新的宝宝》
凯特，美国纽约州长岛　《是什么让你相信？》
玛丽亚，美国纽约州　《25岁时，我的书出版了！！》
弗兰奇·K.，美国宾夕法尼亚州多伊尔斯敦　《凯尔的心脏》

吉娜，美国宾夕法尼亚州普利茅斯　《秘密如何帮我们搬家》
迪雷勒·P., 美国得克萨斯州达拉斯　《礼物》
埃弗里·H., 美国犹他州盐湖城　《站在人生的十字路口上》
阿什莉·S., 美国华盛顿州西雅图　《一场盼望已久的旅行》
洛蕾塔，美国华盛顿州　《成功组合》

关注《秘密》

Instagram: @thesecret365
Facebook: facebook.com/thesecret/
Twitter: @thesecret